# 通信技術者のための
# レーダの基礎

髙橋　徹 著

コロナ社

# ま え が き

電波を用いたシステムの代表例を筆者が挙げるとすれば，それは無線通信とレーダである。無線通信に関しては，近年では携帯電話やスマートフォンに代表される移動通信の普及により，一般の方にも身近な存在となっている。国内にも多くの研究者／技術者がおり，日々多くの研究開発成果が発表され，学会でも活発な議論が交わされている。一方，レーダに関しては，軍事，気象観測，航空管制など用途が特殊なため，一般の方に身近な存在になっているとは言い難い。近年では，車の衝突防止を目的とした車載ミリ波レーダが普及期に入ってはいるものの，無線通信ほど一般化はしていない。必然，研究者／技術者も限られており，通信関係者からすると，“何をしているのか，よくわからない”のが実情ではないかと思われる。

しかし，筆者の経験では，電波の観点で見ると無線通信とレーダの間には一定の類似性があり，基礎となる理論や処理方式にかなりの共通性があるように思われる。そこで，本書では，通信研究者／技術者向けに通信とレーダとの類似性の視点を取り入れながら，レーダの基礎を解説する。具体的には，両者に共通的なテーマであるレンジ方程式，変復調方式，信号検出に特化し，理論を主体に解説を行う。それぞれ，無線通信を専門とする研究者／技術者にとって馴染みのある内容を導入部として，理論式の導出については天下り的な記述をできるだけ避けることで，無線通信とレーダの共通的な部分を理解していただけるように配慮したつもりである。しかし，筆者の力不足もあり，読者の皆さんの期待に十分に応えられていない可能性もある。この点については，読者の皆さんから忌憚のないご意見をいただきたい。なお，上記趣旨により，本書ではレーダ技術全般を解説しているわけではなく，例えば追尾などのレーダ特有の処理については記載していないことをあらかじめご了承いただきたい。レーダ技術全般を理解するのに役立つ資料として文献1)～4)を挙げるので，興味のある読者はそちらもご参照いただきたい。

以下，本書の構成はつぎのようになっている。1章では，レーダの歴史，機器構成，計測可能な物理量，およびレーダの用途を解説し，レーダの概要を理解することを目的とする。2章では，レーダの回線設計を行うためのレンジ方程式について解説する。3章では，レンジ方程式の主要パラメータであるアンテナ利得，受信雑音電力，レーダ断面積を決める物理的な要因を解説する。4章では，レーダで用いられる各種変復調方式を示し，変調方式の各パラメータと探知性能の関係を解説する。5章では，しきい値設定による信号検出法および検出性能について解説する。

上述したように，筆者の経験では，無線通信とレーダに関しては共通する理論や処理方式が多いと思われる。このため，おのおのの研究分野を理解することにより，それぞれの課題解決への糸口，あるいは新たな研究テーマの発掘につながるのではないかと考えている。例えば，本書内でも触れるが，海外では周波数ひっ迫問題の解決策の一つとして，通信信号とレーダ信号を共用化する研究が数多く報告されている。このような異分野の融合領域は，将来的に注目すべきテーマの一つではないかと筆者は考えている。読者の皆さんにとって，本書が課題解決の糸口や新たな研究テーマ発掘の契機となったとすれば望外の喜びである。

なお，本書は，電子情報通信学会コミュニケーションクオリティ研究専門委員会主催の第4回コミュニケーションクオリティ基礎講座ワークショップで作成したテキストをベースに追記／修正を行ったものである。ワークショップテキスト作成の際には，実行委員の皆さんから多くの貴重な意見をいただいた。ここに改めて感謝申し上げたい。

2019年4月

髙橋　徹

# 目　　　　　次

## 1. レーダの概要



## 2. レンジ方程式



## 3. アンテナ／受信雑音／レーダ断面積

## 4. 変 復 調 方 式

# 5. 信　号　検　出

# 1. レーダの概要

無線通信，レーダともに電波を用いたシステムである。無線通信では電波を用いて遠隔地に情報を伝達することを目的としているのに対し，レーダは電波を用いて遠隔地に存在する物体を探知することを目的としている。目的だけ見ると，両者はまったく異なるもののように見えるが，“遠隔地に存在している情報を，電波を用いて取得する”という見地に立てば，両者の類似性を指摘することもできる。実際に，ハードウェアや信号処理などの要素技術では両者で共通な考え方をできるものも多い。

本章では，無線通信との共通性の視点を入れて，レーダの歴史や装置構成を述べる。また，レーダ固有の目的である物体の位置や速度の推定方法を概観し，代表的なレーダの種類を述べる。

## 1.1 レーダの歴史

レーダ(radar)という名称は，今日では固有名詞化しているが，もともとRAdio Detection And Rangingの略語である。文字どおり電波による探知と距離の計測(測距)を意味している。その歴史は古く，端緒は1900年代初頭にまでさかのぼる。

ここでは，関連技術も含め，レーダの歴史を概観する[5)～7) †1]。

### 〔1〕 1900年代初頭

電波利用の端緒となったのは，1888年のH. R. Hertzによる電磁波の実証実験である。これは，J. C. Maxwellが1864年にMaxwellの方程式として完成した理論により存在が予言された電磁波の放射と検出に初めて成功した実験であ

---

†1 肩付きの数字は，巻末の引用・参考文献を表す。

り，その後の無線通信やレーダの発展の基礎となるものである。

1901年には，有名なG. Marconiによる大西洋横断無線通信実験が行われ，無線通信の有効性が認識され，その後の飛躍的な発展へとつながる。一方，レーダに関しては，1904年にC. Hulsmeyerが電波を用いた船舶衝突防止装置を開発し，ライン川での実証実験に成功し，これが初のレーダ特許として認められた。ただし，このときは目標探知だけであり，測距はできなかった。このように，無線通信とレーダの原理検証がほぼ同時期に行われたことは興味深い。しかしその後，無線通信の実用化が飛躍的に進展したのに対して，レーダが現在に通じる形で実用化されるのは1930年代半ばに入ってからであった。

なお，その後のレーダにおいて飛躍的な性能向上を可能にしたフェーズドアレーの原理が考え出されたのも，このころであった[8)]。1899年にS. G. Brownによる特許出願（イギリス），1902，1903年にA. Blondelによる特許出願（ベルギー）があった。1905年にはK. F. Braun（ブラウン管の発明者）が円形配列の3素子モノポールアレーを用いて，周方向に送信ビーム方向を変える実験を行い，フェーズドアレーの原理実証を行った。フェーズドアレーは，アレーアンテナの各素子アンテナの励振位相を制御して電波の送受信方向（ビーム方向）を電子的に走査するアンテナ方式であり，いわゆる空間信号処理の基礎となる概念である。この技術はレーダの飛躍的な発展に大きく寄与しただけでなく，アダプティブアレーの研究を経て今日のMIMO（multiple-input and multiple-output）通信技術へとつながっている。

**〔2〕 1930 年 代**

1930年代になると，軍事目的で数多くのレーダが実用化された。これは，長距離爆撃機の出現により，遠距離から航空機を探知可能なレーダの必要性が高まったためといわれている。また，高出力発振器などの各要素技術の開発も進み，探知距離などが実用レベルの性能になったことも一つの要因である。ただし，この時代はCW波によるレーダがおもであり，かつ送信と受信の各アンテナが離れているバイスタティックレーダであった。現在に通じる形のパルスレーダが実証されたのは1936年アメリカ海軍研究所（Naval Research

Laboratory：NRL）によってである。その後，VHF/UHF帯を中心に，欧米各国で軍事用途のレーダ開発／実用化が進んだ。

〔3〕 **1940　年　代**

1939年にイギリスで，マイクロ波帯での高出力空洞共振器マグネトロンが発明されたのを契機として，戦時下ということもあり，L帯，S帯，X帯などのマイクロ波帯でのレーダ開発が急激に進められた。VHF/UHF帯よりも高い周波数帯であるマイクロ波帯を使うことにより，アンテナの狭ビーム化による角度分解能向上と，信号周波数帯域幅の広帯域化による距離分解能向上が可能になった。また，高周波化によりアンテナが小型化し，航空機搭載も可能になった。

さらに，機械駆動による位相調整回路を用いたフェーズドアレーがアメリカにおいて実用化されたのも1940年代である。また，モノパルス追尾やMTI（moving target indication）といった現在でも使われているレーダ技術が開発されたのも1940年代後半である。

〔4〕 **1950　年　代**

戦時中の実用開発を受けて，1950年代にはレーダの理論体系化が進んだ。その中には，4章のマッチドフィルタ理論（パルス圧縮技術），5章の信号検出の確率理論も含まれる。また，パルス圧縮技術が実証され，合成開口レーダの研究開発が開始されたのも1950年代である。さらに，気象，大気，宇宙観測などの軍事用途以外にもレーダが用いられるようにもなった。

〔5〕 **1960　年　代**

対空捜索レーダ用途で，電子制御の2次元ビーム走査のフェーズドアレー（AN/SPS-32/33）が，1961年アメリカで初めて実用化された。水平方向のビーム走査はフェライト移相器を用いた位相制御によるビーム走査，垂直方向は周波数制御によるビーム走査をする完全電子制御を実現した。完全電子制御のフェーズドアレーの実用化により，ビーム方向の瞬時切り替えが可能になり，レーダの飛躍的な能力向上につながった。

**〔6〕 1970 年代以降**

1970 年代に入ると，ディジタル信号処理による処理能力向上が図られるとともに，受信機の低雑音化のためフロントエンド部に半導体の利用が始まった。

1980 年代には，半導体技術の進展により，多数のアクティブフェーズドアレーレーダが開発／実用化された。また，気象レーダが急速に発展したのも 1980 年代である。

1990 年度以降になると，ディジタルプロセッサの発展により，アンテナと信号処理を組み合わせた処理，例えばディジタルビームフォーミング (digital beam forming：DBF) 技術が開発された。これらのディジタル信号処理による技術は，無線通信のアダプティブアレーや MIMO 技術ともつながっている。

## 1.2　レーダの基本構成

レーダの基本構成を**図 1.1** に示す。図 1.1 の構成は送信と受信でアンテナを共用するモノスタティックレーダの構成を示している。送信と受信を別アンテ

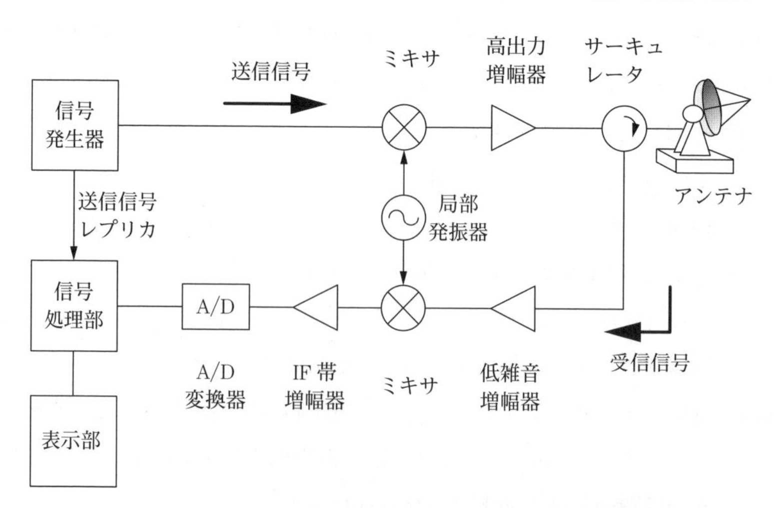


**図 1.1**　レーダの基本構成（モノスタティックレーダ）

ナとし，かつ両者の位置が離れている構成はバイスタティックレーダと呼ばれる。現在，実用化されているレーダは，図 1.1 のモノスタティック構成が一般的である。また，近年のレーダでは，信号処理はディジタル信号処理で行われるのが一般的であるため，図 1.1 ではそのような構成図を示している。

図 1.1 より，アンテナが送受共用となっていることを除くと，レーダを構成するアンテナや高周波回路などのアナログ部は，通信用途と機能的には大きな差はないといえる。レーダよりも通信のほうが，一般的に瞬時の送受信信号が広帯域である，レーダでは電源効率を高くするため高出力増幅器を飽和動作させるのに対して通信では線形動作させることが多いなど，細部の性能面では違いがあるものの，機能的な大きな違いはアナログ部にはない。実際に，レーダと通信でアナログ部を共用する開発例も報告されている[9]。ディジタルプロセッサの発展により，ディジタル信号処理が主流となった現在において，レーダと通信の違いは送信波形生成とその処理方法に集約することができる。

## 1.3　レーダで推定可能なおもな物理量

レーダは，目標物に向けて電波を送信し，その反射波を計測する。計測結果により目標の有無を探知し，目標が存在する場合にはその位置を推定することができる。また，レーダと目標との相対速度を推定することができる。

### 1.3.1　目標位置の推定

目標の位置（座標）は，**図 1.2** に示すように，角度方向（方位角 $AZ$，仰角 $EL$）とレーダから目標までの距離 $R$ を計測することにより求めることができる。

角度方向はアンテナのメインビーム方向そのものであるので，メインビーム方向を目標の角度方向とすることが最も単純な角度測定（測角）方法である。ただし，この場合，メインビーム内に存在するすべての目標が同一角度に存在するとみなされる。すなわち，角度分解能はアンテナパターンのビーム幅によ

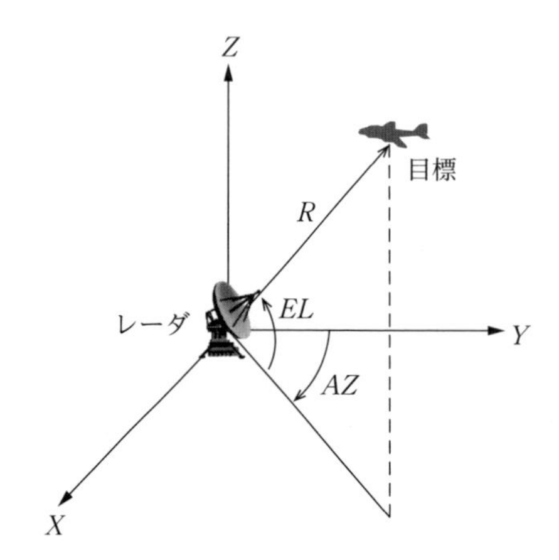


図 1.2　目標位置（座標）の計測

り決まる。ビーム幅よりも狭い角度分解能を実現するためには，目標方向が零点となるアンテナパターン（ヌルビーム）を形成する測角方法が用いられる。ヌルビームによる代表的な測角方法としては，モノパルス測角[10]や MUSIC[11]などがある。

レーダから目標までの距離の計測方法は送信信号の変調方式により違いがあるが，最も一般的なパルスレーダの場合には，信号を送信してから受信するまでの時間を計測することにより求める。**図 1.3** に示すように，パルスレーダは

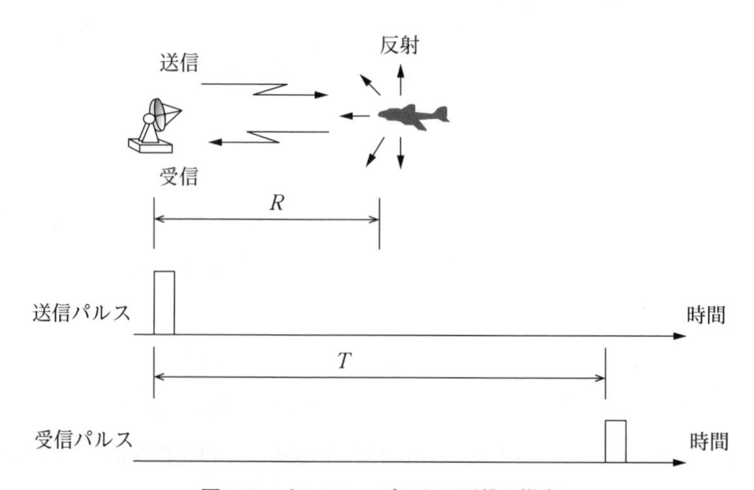


図 1.3　パルスレーダによる距離の推定

パルス変調された信号を送信し，それが目標に反射したあとに受信される時間 $T$ を計測する。計測される時間 $T$ はレーダから目標まで電磁波が往復する時間であるので，距離 $R$ は式 (1.1) で求められる。

$$R=\frac{cT}{2} \tag{1.1}$$

ここに，$c$ は光速である。

### 1.3.2　相対移動速度の推定

レーダと目標との相対移動速度は，受信信号の周波数を計測することにより求めることができる。

**図 1.4** に示すような移動目標をレーダで探知することを想定する。このときレーダが受信する信号の周波数は，ドップラー効果により目標の移動速度に応じた周波数シフトが発生する。ドップラー効果による周波数シフトを含んだ信号の周波数は，特殊相対性理論により求めることができ，式 (1.2) となる[12]。

$$f_r=\frac{1+v\cos\theta/c}{1-v\cos\theta/c}f_c \tag{1.2}$$

ここに，$f_r$ は受信信号の周波数，$v$ はレーダと目標の相対移動速度，$c$ は光速，$f_c$ は送信信号の周波数，$\theta$ は図 1.4 に示すレーダの視線方向ベクトルと目標の移動方向ベクトルのなす角度である。また，目標の相対移動速度はレーダに近づく方向を正としている。なお，図 1.4 はレーダが固定しているかのように描かれているが，レーダが移動している場合には，$v$ はレーダを基準とした

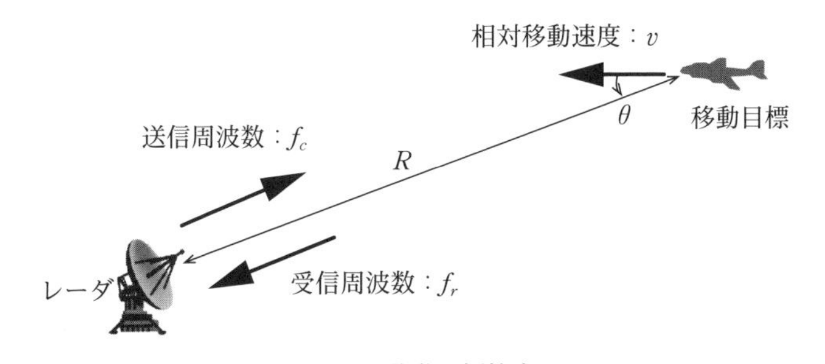


**図 1.4**　移動目標検出

目標の相対移動速度と理解できる。

ここで，光速 $c$ は $3.0\times10^8$ m/s であるのに対し，目標の移動速度 $v$ はかりにマッハ 2 程度の超音速機であったとしても 680 m/s 程度にすぎず，一般的には $c \gg v$ が成り立つ。したがって，式 (1.2) は式 (1.3) のように近似できる。

$$
\begin{aligned}
f_r &= \frac{1+v\cos\theta/c}{1-v\cos\theta/c} f_c \\
&\approx (1+v\cos\theta/c)^2 f_c \\
&\approx (1+2v\cos\theta/c) f_c \\
&= f_c + \frac{2v}{\lambda_c}\cos\theta
\end{aligned}
\tag{1.3}
$$

ここに，$\lambda_c$ は送信信号の自由空間波長である。式 (1.3) 最終行の右辺第 2 項はドップラー周波数と呼ばれる。

ドップラー周波数は $f_r$ と $f_c$ の差から求められ，これより，レーダ視線方向の相対移動速度 $v\cos\theta$ を求めることができる。なお，レーダ受信信号の周波数は，複数パルスによる受信信号をフーリエ変換することにより求めることができる。詳細は 4 章で述べる。

## 1.4 レーダの種類

代表的なレーダを用途で分類したものを**表 1.1** に示す。これからわかるように，レーダの用途を一言でいえば，電波による監視・計測である。最終的にほしい物理量は各用途で異なるものの，いずれの用途でもレーダで計測可能な目標の位置や速度を 1 次物理量として用いている。

また 1.1 節のレーダの歴史で述べたように，レーダは軍事用途が先行し，またインフラ側の装置として発展してきたこともあり，現時点で一般の方がレーダを使うシーンはきわめて稀である。しかし，車載レーダが普及期に入り安価なレーダが登場してきたこと，また IoT 関係でさまざまなセンシング技術が注目されていること，これらを考えると将来的にレーダ用途がさらに増えるこ

**表1.1** 代表的なレーダの種類

| 大分類 | 中分類 | 目的 |
|---|---|---|
| 軍事用 | 捜索レーダ | 脅威目標の警戒監視<br>(捜索・探知) |
| | 追尾レーダ | 脅威目標の追跡<br>射撃統制 |
| | 画像レーダ<br>(合成開口レーダ) | 偵察，早期警戒 |
| 民間用 | 気象レーダ | 雨量計測，雷雲探知，大気観測 |
| | 航空管制レーダ | 空港路監視，空港監視，空港面監視 |
| | 海上レーダ | 船舶・障害物監視，港湾監視 |
| | 車載レーダ | 衝突防止(前方監視)，後側方監視<br>クルーズコントロール |
| | 海洋レーダ | 海流，波浪，津波計測 |
| | 画像レーダ<br>(合成開口レーダ) | 地形・地質観測，海洋観測<br>地殻変動検出 |
| | 地中レーダ | 地下埋没物探知，空洞探知，地質調査 |

とが期待される。

# 2. レンジ方程式

無線通信，レーダともに，システム設計で最初に行うべきものは回線設計である。回線設計は，無線通信では最大通信距離を決め，レーダでは目標の最大探知距離を決める設計である。あるいは，必要な最大通信距離や最大探知距離が決まっている場合には，それを実現可能な各コンポーネントの性能配分を行う設計である。性能配分パラメータとしては，送信電力，アンテナ利得，受信機の雑音指数などが相当する。

本章では，無線通信の回線設計の基本となるフリスの伝達公式から始め，レーダの回線設計の基本となるレーダ方程式を解説する。

## 2.1 無線通信のレンジ方程式：フリスの伝達公式

**図 2.1** に示すような自由空間中に置かれた送信アンテナと受信アンテナ間の無線通信を考える。自由空間なので，周囲には地面や建造物などの電波を散乱

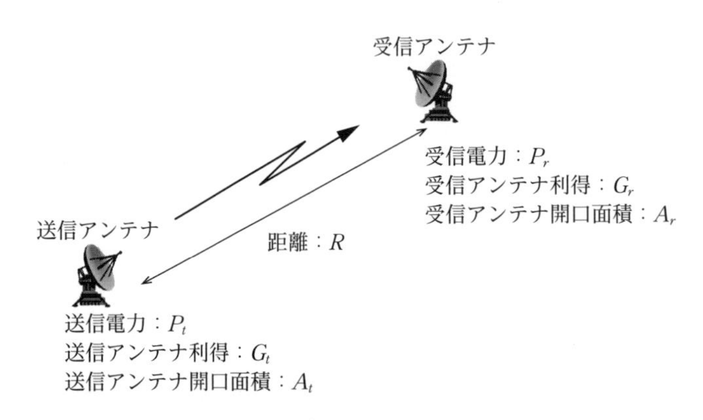


**図 2.1** 自由空間中の無線通信

させる物体はないものとする。また，送信電力を $P_t$〔W〕，受信アンテナ方向の送信アンテナ利得を $G_t$〔dBi〕，送信アンテナ方向の受信アンテナ利得を $G_r$〔dBi〕，送受アンテナ間距離を $R$〔m〕とする。

3.1.2項で述べるように，送信アンテナ利得および受信アンテナ利得は，アンテナの開口面積〔m²〕とそれぞれ以下の関係がある。

$$G_t=\frac{4\pi A_t}{{\lambda_0}^2} \tag{2.1}$$

$$G_r=\frac{4\pi A_r}{{\lambda_0}^2} \tag{2.2}$$

ここに，$A_t$，$A_r$ はそれぞれ送信アンテナ，受信アンテナの開口面積〔m²〕，$\lambda_0$ は送信信号の自由空間波長〔m〕である。なお，式(2.1)，(2.2)で与えられるアンテナ利得は開口効率100%の場合である。実際には，アンテナと給電回路との不整合損，アンテナ内部の導体損や誘電体損などの各種損失があり，また開口分布に振幅分布や位相分布がつくことにより，100%の開口効率は実現できないが，ここでは，これらの利得低下要因はひとまず無視することにする。

つぎに，受信アンテナが受信する信号電力を求める。送信アンテナの指向性が無指向性，すなわち電磁波が等方的に放射される場合には，距離 $R$ における放射電力密度 $Q$〔W/m²〕は式(2.3)となる。

$$Q=\frac{P_t}{4\pi R^2} \tag{2.3}$$

式(2.3)は無指向性アンテナの場合であり，指向性アンテナの場合には送信アンテナ利得分だけ放射電力密度が高くなり，式(2.4)で求めることができる。

$$Q=\frac{P_t G_t}{4\pi R^2} \tag{2.4}$$

これより，受信アンテナの受信電力は，式(2.4)の電力密度 $Q$〔W/m²〕と受信アンテナの開口面積 $A_r$〔m²〕の積で求めることができる。さらに，式(2.

2) の関係式を用いると，受信電力 $P_r$〔W〕は式 (2.5) で求めることができる。

$$P_r = QA_r = \frac{P_t G_t G_r \lambda_0{}^2}{(4\pi R)^2} \tag{2.5}$$

式 (2.5) はいわゆるフリスの伝達公式であり，無線通信の回線設計の基本となる式である。式 (2.5) によれば，受信電力は距離の 2 乗に反比例して減衰していくことを意味している。また，波長が短い，すなわち高周波になるほど距離減衰が大きくなることがわかる。

式 (2.5) は自由空間中の電波伝搬を想定しているため，実際の適用範囲は限定的である。筆者の知っている範囲では，衛星通信が本公式に基づいた回線設計を行っている[13)]。しかし，例えば陸上の移動通信環境では距離の 3～4 乗に反比例して減衰することが知られており，式 (2.5) とは異なる計算式が用いられている[14)]。ここでは，回線設計の基本的な考え方を理解することを目的とし，式 (2.5) に基づく解説を行う。

式 (2.5) は信号の受信電力を示しているにすぎず，回線設計を行うためには，所望信号以外の不要信号に対する所望信号の大きさ (電力比) を評価する必要がある。不要信号には，受信系熱雑音，自己のシステムあるいは他システムからの干渉信号などがあるが，回線設計では受信系熱雑音に対する信号電力の大きさを評価するのが一般的である。

受信系熱雑音源としては，アンテナが外部から受信する雑音，受信機内部で発生する熱雑音などがあるが，一般的に雑音電力 (平均値) $N_s$〔W〕は式 (2.6) で求めることができる。

$$N_s = kT_sB \tag{2.6}$$

ここに，$k$ はボルツマン定数 ($=1.38\times10^{-23}$ J/K)，$B$ は受信機の周波数帯域幅〔Hz〕，$T_s$ はシステム雑音温度〔K〕である。システム雑音温度とは，受信系全体の雑音電力の大きさを絶対温度で表したものであり，詳細は 3.2 節で解説する。

式 (2.5)，(2.6) より，信号対雑音電力比 (signal to noise ratio：SNR) は式 (2.7) で求められる。

$$SNR = \frac{P_r}{N_s} = \frac{P_t G_t G_r \lambda_0{}^2}{(4\pi R)^2 k T_s B} \tag{2.7}$$

また，2.6 節で示す各種損失を $L$（1 より大きい。dB 値では正）で代表して考慮に入れると，SNR は式（2.8）となる。

$$SNR = \frac{P_t G_t G_r \lambda_0{}^2}{(4\pi R)^2 L k T_s B} \tag{2.8}$$

なお，式（2.7），（2.8）は，無線通信分野では搬送波対雑音電力比（carrier to noise ratio：CNR）と呼ばれる物理量であるが，ここでは後述のレーダとの表現を統一するため SNR と呼称していることに注意していただきたい。

5 章で述べるように，無線通信の伝送性能は信号の誤り率で評価され，所望の誤り率を実現するために必要な最小 SNR が決定される。所望の最小 SNR を $SNR_{\min}$ とすれば，無線通信の回線設計の方程式は式（2.9）となる。

$$SNR_{\min} = \frac{P_t G_t G_r \lambda_0{}^2}{(4\pi R)^2 L k T_s B} \tag{2.9}$$

回線設計では，式（2.9）を満足するように，送信電力，アンテナ利得，受信機性能などの性能配分がなされる。

## 2.2 レーダのレンジ方程式（1）：孤立点目標のレーダ方程式

**図 2.2** に示すような自由空間中に置かれたモノスタティックレーダと孤立点目標を考える。送信電力，送受アンテナ利得は 2.1 節と同じとする。モノスタティックレーダを想定しているため送受アンテナ利得は同一となるが，ここでは一般化のため別とする。また，レーダから目標までの距離を $R$〔m〕とする。ここで，孤立点目標とは，例えば航空機目標などを想定しており，レーダから見て目標が孤立した一つの点として扱えることを意味している。

目標に照射される電力密度 $Q$〔W/m$^2$〕は，無線通信における受信アンテナに照射される電力密度と同じであり，式（2.4）で与えられる。レーダの場合，

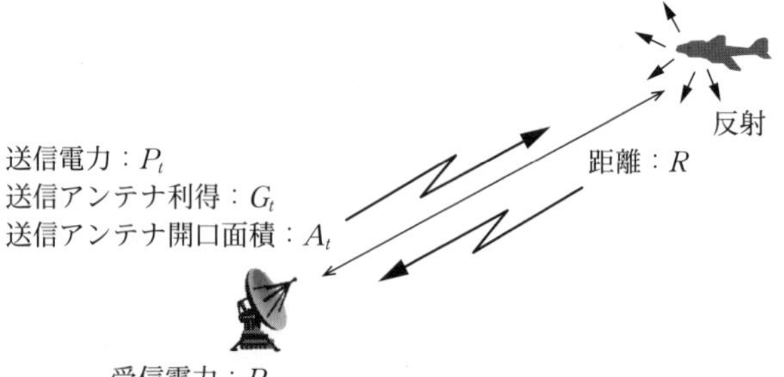


**図 2.2**　自由空間中のモノスタティックレーダと孤立点目標

この入射波に対して目標が反射する電力を求める必要がある。目標からの反射波は，式 (2.4) の入射電力密度〔W/m$^2$〕に対して断面積 $\sigma$〔m$^2$〕をかけた電力を再放射源とし，これが等方的に散乱するものと仮定する。すなわち，再放射源となる反射電力 $P_b$〔W〕は式 (2.10) で与えられる。

$$P_b = Q\sigma = \frac{P_t G_t \sigma}{4\pi R^2} \tag{2.10}$$

ここに，$\sigma$ はレーダ断面積 (radar cross section：RCS) と呼ばれる物理量であり，目標の反射特性 (反射の大きさ) を表している。RCS は面積の次元を有するが，必ずしも幾何光学的な意味での目標の断面積ではなく，目標の形状や材質，目標への電磁波の入射角によっても変わる物理量である。詳細は 3.3 節で解説するが，ここでは目標の反射電力の大きさを表す指標として理解していただきたい。

式 (2.10) で与えられる反射電力が等方的に散乱するものと仮定しているため，目標から距離 $R$ に位置するレーダに入射する電力密度 $Q_r$〔W/m$^2$〕は式 (2.11) で求めることができる。

$$Q_r = \frac{P_b}{4\pi R^2} = \frac{P_t G_t \sigma}{(4\pi)^2 R^4} \tag{2.11}$$

したがって，レーダの受信電力は式 (2.11) に受信アンテナの開口面積をかけたものとなり，さらに式 (2.2) の関係式を用いると，受信電力 $P_r$〔W〕は式

(2.12) で求めることができる。

$$P_r = Q_r A_r = \frac{P_t G_t G_r \sigma \lambda_0{}^2}{(4\pi)^3 R^4} \tag{2.12}$$

したがって，2.1 節と同様に信号対雑音電力比 (SNR) は式 (2.13) で求められる。

$$SNR = \frac{P_r}{N_s} = \frac{P_t G_t G_r \sigma \lambda_0{}^2}{(4\pi)^3 R^4 L k T_s B} \tag{2.13}$$

5 章で述べるように，レーダの信号検出性能は検出確率と誤警報確率で評価され，所望の性能を実現するために必要な最小 SNR が決定される。所望の最小 SNR を $SNR_{\min}$ とすれば，レーダの回線設計の方程式は式 (2.14) となる。

$$SNR_{\min} = \frac{P_t G_t G_r \sigma \lambda_0{}^2}{(4\pi)^3 R^4 L k T_s B} \tag{2.14}$$

式 (2.14) は孤立点目標のいわゆるレーダ方程式であり，回線設計では式 (2.14) を満足するように，送信電力，アンテナ利得，受信機性能などの性能配分がなされる。また，アンテナや送受信機性能が既知の場合には，式 (2.14) より最大探知距離を求めることができる。

式 (2.9) と式 (2.14) を比較すると，無線通信の SNR は送受アンテナ間距離の 2 乗に反比例して減衰するのに対し，レーダの SNR はレーダと目標の往復距離ではなく片側距離の 4 乗に反比例して減衰することがわかる。このため，同じ送信電力，同じアンテナ利得でも，レーダのほうが受信電力がきわめて小さくなる。このことは，レーダは既存の無線システムからの干渉を受けやすいということにもつながる。このため，レーダでは大電力送信機が必要とされるだけでなく，干渉波抑圧技術が重要になる。

## 2.3　レーダのレンジ方程式（2）：体積分布型目標のレーダ方程式

**図 2.3** に示すように，アンテナビーム幅を超える空間に散乱体が 3 次元的に

**図 2.3**　自由空間中の体積分布型目標

分布している体積分布型目標に対するレーダ方程式を考える。気象レーダや大気レーダが観測対象としている降水粒子や大気乱流などが，この種の目標に該当する。

体積分布型目標では，レーダ反射率と呼ばれる単位体積当りのレーダ断面積が定義される（単位は $\mathrm{m}^2/\mathrm{m}^3=\mathrm{m}^{-1}$）。レーダ反射率を用いると，体積分布型目標のレーダ断面積 $\sigma$ は式 (2.15) で与えられる。

$$\sigma=\eta V \tag{2.15}$$

ここに，$\eta$ はレーダ反射率〔$\mathrm{m}^{-1}$〕，$V$ はレーダが照射する体積〔$\mathrm{m}^3$〕である。レーダ反射率については，降雨量などのさまざまな気象条件あるいは大気条件に対して，解析的あるいは実験／経験的に求められている[15)]。

レーダが照射する体積はアンテナのビーム幅とレーダの距離分解能から求めることができ，**図 2.4** に示すような楕円柱の体積とみなすことができる。すな

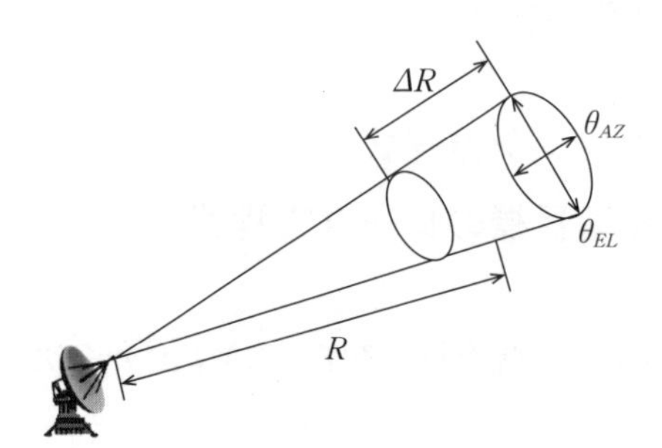


**図 2.4**　体積分布型目標のレーダ照射体積

わち，体積 $V$ は式 (2.16) で求めることができる。

$$V=\theta_{AZ}\theta_{EL}R^2\varDelta R \tag{2.16}$$

ここに，$\theta_{AZ}$，$\theta_{EL}$ はそれぞれ垂直面，水平面のビーム幅〔rad〕，$\varDelta R$ はレーダの距離分解能〔m〕である。距離分解能は送信信号の変調方式に依存するが，パルス変調方式のレーダの場合にはパルス幅に比例する。代表的な変調方式での距離分解能については，4 章で解説する。

式 (2.15)，(2.16) を式 (2.14) に代入すると，体積分布型目標のレーダ方程式を式 (2.17) のとおり求めることができる。

$$SNR_{\min}=\frac{P_tG_tG_r\lambda_0{}^2\eta\theta_{AZ}\theta_{EL}\varDelta R}{(4\pi)^3R^2LkT_sB} \tag{2.17}$$

式 (2.17) からわかるように，体積分布型目標の場合，距離の 2 乗に反比例して SNR が減衰する。式 (2.14) で示したように，孤立点目標の場合には距離の 4 乗に反比例するので，大きく異なることに注意する必要がある。

## 2.4　レーダのレンジ方程式（3）：面積分布型目標のレーダ方程式

**図 2.5** に示すように，地面などの面的に分布した目標に対するレーダ方程式を考える。合成開口レーダの目標が，この種の目標に該当する。あるいは，不要反射である地面からのクラッタも，これに該当する。

面積分布型目標では面積反射率と呼ばれる単位面積当りのレーダ断面積が定義される (単位は $\mathrm{m^2/m^2}$)。面積反射率を用いると，面積分布型目標のレーダ断面積 $\sigma$ は式 (2.18) で与えられる。

$$\sigma=\sigma^0A \tag{2.18}$$

ここに，$\sigma^0$ は面積反射率，$A$ はレーダが照射する面積〔$\mathrm{m^2}$〕である。

図 2.5（b）に示すとおり，水平方向にレーダが照射する領域は，アンテナビームが照射する領域そのものであるため，距離 $R$ とアンテナのビーム幅 $\theta_{AZ}$ で決まる。一方，レンジ方向は，パルス幅で決まる距離分解能とアンテナビー

送信電力：$P_t$　　受信電力：$P_r$
送信アンテナ利得：$G_t$　　受信アンテナ利得：$G_r$
送信アンテナ開口面積：$A_t$　　受信アンテナ開口面積：$A_r$

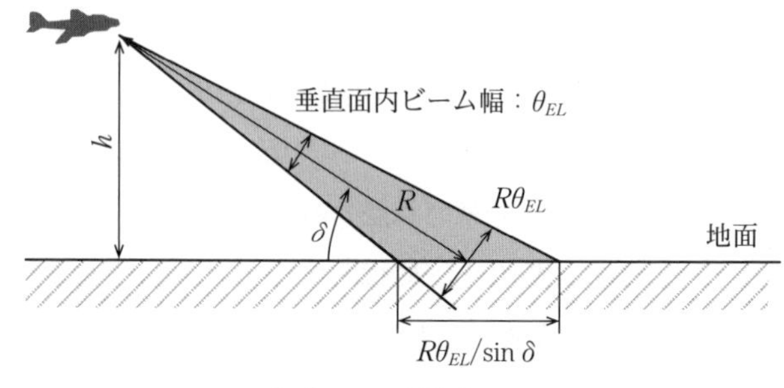


（a）　レンジ方向

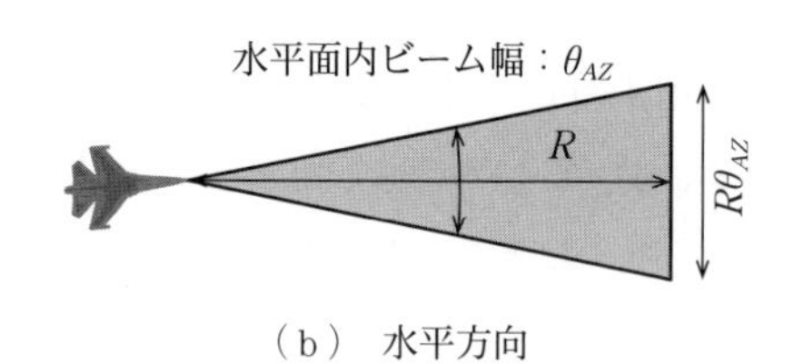


（b）　水平方向

**図 2.5**　面積分布型目標へのレーダ照射

ム領域の大小関係により異なる。その違いを**図 2.6** に示す。

図 2.6（a）のケースは，アンテナビーム幅の照射領域よりも距離分解能が大きい場合である。この場合，垂直方向のアンテナビーム幅 $\theta_{EL}$ でレンジ方向の照射領域が決まり，照射領域を方形近似すると，その面積 $A$ は式 (2.19) で求めることができる。

$$A=\frac{R^2}{\sin\delta}\theta_{AZ}\theta_{EL} \tag{2.19}$$

式 (2.18)，(2.19) を式 (2.14) に代入すると，図 2.6（a）のケースに対するレーダ方程式を式 (2.20) のとおり求めることができる。

$$SNR_{\min}=\frac{P_tG_tG_r\lambda_0{}^2\sigma^0\theta_{AZ}\theta_{EL}}{(4\pi)^3R^2LkT_sB\sin\delta} \tag{2.20}$$

一方，図 2.6（b）のケースは，アンテナビーム幅の照射領域よりも距離分解能が小さい場合である。この場合，レーダとしての距離分解能でレンジ方向

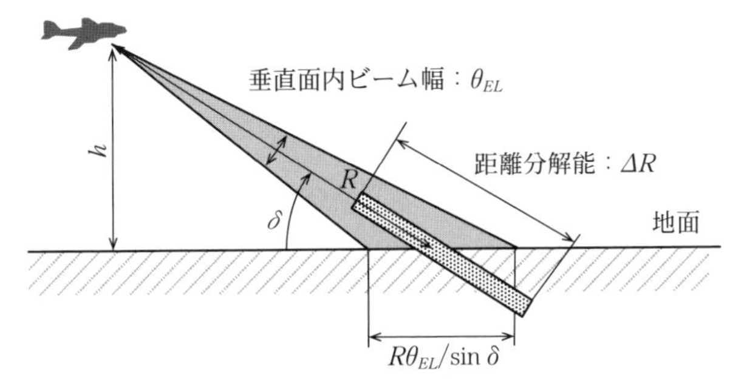


（a）　アンテナビーム幅で決まる場合

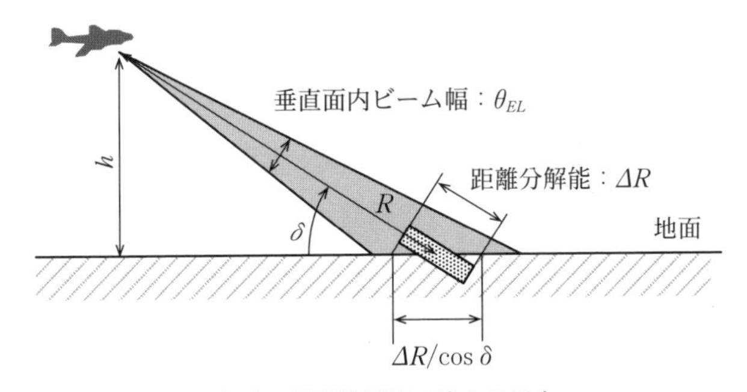


（b）　距離分解能で決まる場合

**図 2.6**　面積分布型目標へのレンジ方向のレーダ照射領域

の照射領域が決まり，照射面積 $A$ は式 (2.21) で求めることができる。

$$A=\frac{R\Delta R}{\cos\delta}\theta_{AZ} \tag{2.21}$$

ここに，$\Delta R$ はレーダの距離分解能である。

式 (2.18)，(2.21) を式 (2.14) に代入すると，図 2.6（b）のケースに対するレーダ方程式を式 (2.22) のとおり求めることができる。

$$SNR_{\min}=\frac{P_tG_tG_r\lambda_0{}^2\sigma^0\Delta R\theta_{AZ}}{(4\pi)^3R^3LkT_sB\cos\delta} \tag{2.22}$$

式 (2.20)，(2.22) より，図 2.6（a）のケースは距離の 2 乗に反比例して SNR が減衰するが，図 2.6（b）のケースは距離の 3 乗に反比例して SNR が減衰する。いずれの場合も，式 (2.14) で示した孤立点目標の場合と比べて距離に対する減衰の仕方が緩やかとなる。このことは，地面などによる不要反射，すなわちクラッタは，孤立点目標と比べて反射電力が非常に大きくなることを示している。一般に，レーダ信号処理においてクラッタ抑圧が重要になるのは，この性質によるところが大きいので注意が必要である。クラッタと孤立移動目標との違いに関しては，4.4.11 項でも解説する。

## 2.5　レーダのレンジ方程式（4）：平均電力表現によるレーダ方程式

2.2〜2.4 節のレーダ方程式は，1 回の観測を想定したレーダ方程式となっている。しかし，レーダの場合，1 回の観測で目標検出処理をすることは稀で，複数パルスを送信し，それぞれの受信信号をコヒーレント積分するなど，複数の観測結果を信号処理することで SNR を向上させることが多い。また，詳細は 4 章で解説するが，パルス内で周波数変調や位相変調を行う変調方式の場合にはパルス圧縮[†1]と呼ばれる処理により SNR を向上させる。このため，実際の回線設計では，これら信号処理利得を考慮する必要がある。

しかし，信号処理利得は変調方式により異なるため，変調方式に依存しないレーダ方程式があると，設計の考え方を統一的に扱うことができるため便利である。ここでは，この目的に合致するものとして，2.2 節の解説をもとに平均電力表現によるレーダ方程式[4)]を解説する。

**図 2.7** に示すように，パルス幅 $\tau$〔s〕でパルス変調された信号（パルス内は無変調）を，パルス繰り返し周期 $PRI$〔s〕で送信するパルスレーダを考える（詳細は 4.4 節参照）。また，$M$ パルスをコヒーレント積分して SNR を改善することを考える。$M$ パルスの全観測時間は，coherent processing interval（CPI）あるいは dwell time と呼ばれ，これを $T_d$〔s〕で表す（図 2.7 の例では，3 パルスをコヒーレント積分することを表している）。

---

†1　送信信号との相関処理のこと。マッチドフィルタ処理と等価。

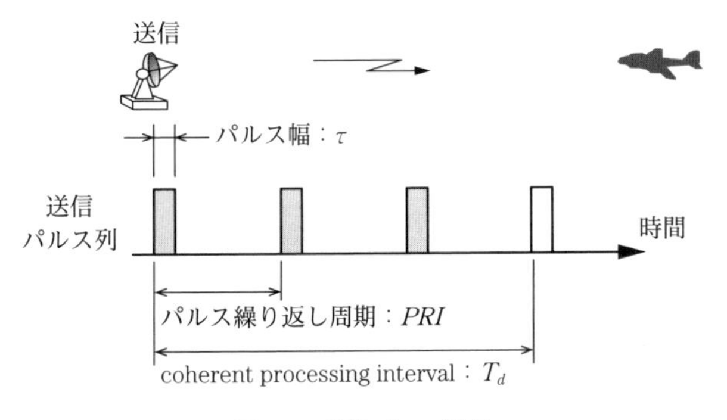


**図 2.7**　複数パルス送信

$M$ パルスをコヒーレント積分すると，信号は電圧加算，雑音は電力加算となるため，信号対雑音電力比 $SNR_c$ は $M$ 倍となり，式 (2.13) より式 (2.23) で求められる。

$$SNR_c = M \cdot SNR = \frac{MP_tG_tG_r\sigma\lambda_0{}^2}{(4\pi)^3R^4LkT_sB} \tag{2.23}$$

ところで，各パルスの尖頭電力は $P_t$ であるので，全時間にわたる平均送信電力 $P_{av}$ は式 (2.24) で求められる。

$$P_{av} = \frac{\tau}{PRI}P_t = \frac{M\tau}{T_d}P_t \tag{2.24}$$

ここに，$\tau/PRI$ は $PRI$ に対する送信時間の割合であり，送信 duty と呼ばれる。また，パルス変調された信号に対して SNR を最大化するフィルタ（マッチドフィルタ）の等価雑音帯域幅，つまり受信機帯域幅はパルス幅の逆数となる[16)]。すなわち，受信機帯域幅 $B$ とパルス幅 $\tau$ には以下の関係がある（詳細は 4.4.4 項参照）。

$$B \approx \frac{1}{\tau} \tag{2.25}$$

式 (2.24)，(2.25) を式 (2.23) に代入すると式 (2.26) を得る。

$$SNR_c = \frac{P_{av}T_dG_tG_r\sigma\lambda_0{}^2}{(4\pi)^3R^4LkT_s} \tag{2.26}$$

つぎに，パルス内で周波数変調あるいは位相変調した信号を送信し，受信時にマッチドフィルタ処理（パルス圧縮）し，さらに $M$ パルスをコヒーレント積分する場合を考える。マッチドフィルタによる信号処理利得は，パルス幅を $\tau$，変調帯域幅を $B$（＝受信機帯域幅）としたとき，$B\tau$ となる（詳細は 4.5，4.6 節参照）。したがって，$M$ パルスのコヒーレント積分も含めると，最終的な信号対雑音電力比 $SNR_{pc}$ は式 (2.27) で求められる。

$$SNR_{pc}=MB\tau SNR=\frac{M\tau P_t G_t G_r \sigma {\lambda_0}^2}{(4\pi)^3 R^4 LkT_s} \tag{2.27}$$

式 (2.24) を式 (2.27) に代入すると式 (2.28) を得る。

$$SNR_{pc}=\frac{P_{av} T_d G_t G_r \sigma {\lambda_0}^2}{(4\pi)^3 R^4 LkT_s} \tag{2.28}$$

これより，式 (2.26)，(2.28) はまったく同じ形になっていることがわかる。すなわち，尖頭電力表現である式 (2.23) や式 (2.27) では変調方式によりレーダ方程式の表現が若干変わるのに対して，平均電力表現では変調方式によらず同一表現のレーダ方程式が得られる。また，式 (2.26)，(2.28) の表現により，SNR を改善するための普遍的な考え方を得ることができる。すなわち，尖頭電力を増やすだけでなく，平均電力を増やすあるいは全観測時間を増やすことも有効であることがわかる。前者は送信 duty を増やす，すなわちパルス幅を広げること，後者は積分時間を長くすることに相当する。

## 2.6 損失要因

回線設計を行ううえで考慮するおもな損失要因を**表 2.1** に示す[4)]。

送信系伝送損失とは，送信機（高出力増幅器）からアンテナに至る給電回路での伝送損失である。送信系伝送損失を差し引いた電力を送信電力とする場合もあり，またアクティブフェーズドアレーアンテナのように，高出力増幅器とアンテナが一体化している場合には送信アンテナ利得に含まれる場合もある。

アンテナ損失とは，アンテナ内部での導体損や誘電体損，あるいは給電回路との不整合損である。レンジ方程式のアンテナ利得が動作利得の場合には，こ

表 2.1　回線設計で考慮するおもな損失要因

| 項　目 | 概　要 |
|---|---|
| 送信系伝送損失 | 送信機（高出力増幅器）からアンテナまでの給電回路損失 |
| アンテナ損失 | アンテナ内部での損失や不整合損 |
| アンテナポインティング損失 | アンテナの主ビーム方向が，ずれることによる損失 |
| 大気吸収損失 | 大気伝搬中での水蒸気などの吸収による損失 |
| 受信系伝送損失 | アンテナから低雑音増幅器までの給電回路損失 |
| 信号処理損失 | 理想的な信号処理性能からの劣化による損失 |

の損失分はアンテナ利得に含まれている。

アンテナポインティング損失とは，アンテナのメインビームが所望の方向からずれることで発生するアンテナ利得の低下である。指向性の高いアンテナほど大きくなる。無線通信の場合には，基本的に受信アンテナ側にメインビームを向けることになるので，それほど大きな利得低下とはならない。一方，レーダの場合には，目標は必ずしもビームピークに存在するとは限らないので，ビーム覆域を 3 dB ビーム幅とすれば，送受往復で最大 6 dB の利得低下となる。ただし，これは最大値であるため，実際の設計ではビーム幅内の平均値として 1.6 dB 程度を考慮することが多い。

大気吸収損失とは，電磁波が大気中を伝搬する際に発生する吸収損失である。水蒸気や酸素分子による吸収損失が代表的なものである。降雨減衰もこれに該当する。高周波になるほど大きくなるが，水蒸気の共振周波数 22.2 GHz と酸素分子の共振周波数 60 GHz で特に大きくなることが知られている。また，大気吸収損失は伝搬距離が長くなるにつれ大きくなるので，これを考慮に入れた設計が必要である。

受信系伝送損失とは，アンテナから低雑音増幅器に至る給電回路での伝送損失である。受信機の雑音指数，あるいは受信アンテナ利得に含まれる場合もある。

信号処理損失とは，理想的な信号処理性能からの劣化量を損失として表したものである。レーダの場合，straddle 損失や CFAR 損失などが該当する。straddle 損失については 4.4.10 項で解説し，CFAR 損失については 5.6 節で解説する。

# 3．アンテナ／受信雑音／レーダ断面積

レーダ方程式によれば，与えられた目標検出距離に対して所望の SNR を決める主要パラメータは，送信電力，送受アンテナ利得，システム雑音温度（受信雑音電力），検出目標のレーダ断面積（RCS）である。回線設計では，これらのパラメータに性能配分を行い，アンテナや送受信機の要求仕様が決定される。RCS については，レーダシステムとして想定する検出目標の RCS を事前に検討し，設定される。

本章では，アンテナ利得，受信雑音電力，RCS を決める物理的な要因を解説する。

## 3.1 アンテナ

アンテナには線状アンテナ，開口面アンテナ，アレーアンテナなどがあり，用途に応じてさまざまなアンテナが用いられる。例えば，携帯電話やスマートフォンには小形なアンテナが求められ，これらのアンテナは概して低利得であり，無指向性に近い放射指向性を有する。また，衛星通信では微弱な電波を受信する必要があることから，反射鏡アンテナなどの高利得なアンテナが求められる。レーダの場合，微弱な電波を受信する必要があること，目標位置特定のため角度分解能を高くする必要があること，これら二つの観点から高利得かつ狭ビーム幅のアンテナが必要とされることが多い。このため，レーダのアンテナとして一般的に用いられるのは，開口面アンテナとアレーアンテナである。

以下では，これらのアンテナの基礎を解説する。

### 3.1.1 開口面アンテナの概要

面状に分布する電磁界により放射電磁界が生じていると考えられるアンテナは開口面アンテナと呼ばれる。代表的な開口面アンテナを**図 3.1** に示す。すなわち，ホーンアンテナ，反射鏡アンテナ，レンズアンテナが代表的な開口面アンテナである。

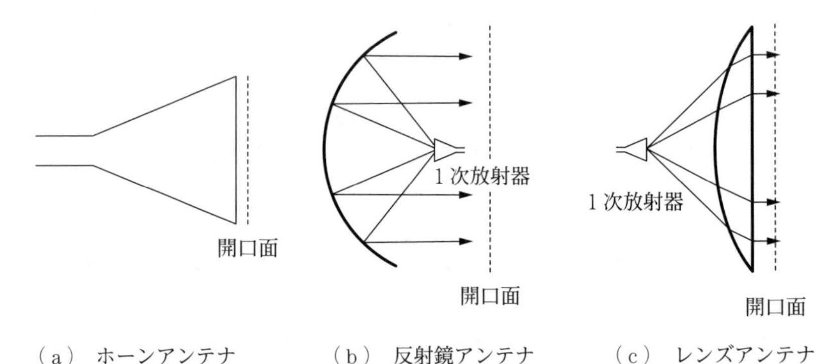


**図 3.1** 開口面アンテナの種類

電磁界の等価定理によれば，アンテナの放射電磁界は，アンテナを囲む任意の閉曲面状の電磁界から求めることができる[17]。開口面アンテナの場合，開口面は波長に比べて十分大きいため，そこでの電磁界分布を主放射源とみなし，開口面以外からの寄与を無視しても誤差は小さいと考えることができる。したがって，**図 3.2** に示すように，$xy$ 平面の開口面 $S$ 上に単一偏波の電磁界分布が与えられたとき，その放射電界は開口分布法により以下の式で求めることができる[18) †1]。

$$E(\theta, \phi)=\frac{je^{-jk_0R}}{\lambda_0 R}\left(\frac{1+\cos\theta}{2}\right)g(\theta, \phi) \tag{3.1}$$

$$g(\theta, \phi)=\int_S E_a(\boldsymbol{r})e^{jk_0\hat{\boldsymbol{R}}\cdot\boldsymbol{r}}d\boldsymbol{r} \tag{3.2}$$

$$\hat{\boldsymbol{R}}=\sin\theta\cos\phi\hat{x}+\sin\theta\sin\phi\hat{y}+\cos\theta\hat{z} \tag{3.3}$$

ここに，$k_0$ は自由空間中の波数〔1/m〕，$\lambda_0$ は自由空間波長〔m〕，$E_a$ は開口

†1 時間依存項は $e^{j\omega t}$ としている。以降，同じとする。

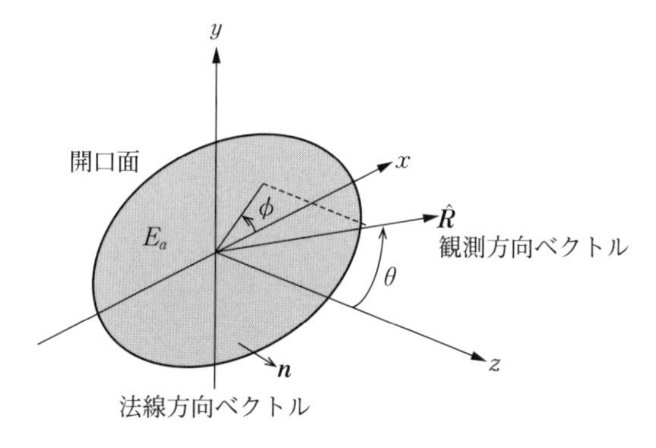


図 3.2 開口面アンテナの放射特性解析諸元

面上の電界の接線方向成分〔V/m〕，$\hat{\boldsymbol{R}}$ は放射電界の観測方向ベクトル，$\boldsymbol{r}$ は開口面上の位置ベクトル〔m〕を表す。また，$\hat{x}$，$\hat{y}$，$\hat{z}$ はそれぞれ $x$，$y$，$z$ 方向の単位ベクトルである。

一般に，開口面アンテナは高利得かつビーム幅が狭いため，メインビーム方向を $\theta=0$ 度方向とすれば，$\theta$ が小さい角度範囲を評価すれば十分であり，その指向性は式 (3.2) で与えられる $g(\theta, \phi)$ が支配要因となる。

### 3.1.2 開口面アンテナの利得

開口面アンテナの利得は，放射電力を開口面上の全電力（入射電力）で規格化することにより式 (3.4) で求めることができる。

$$G(\theta, \phi)=\frac{4\pi R^2|E(\theta, \phi)|^2}{\int_S |E_a(\boldsymbol{r})|^2 d\boldsymbol{r}} \tag{3.4}$$

ここに，$G(\theta, \phi)$ は $(\theta, \phi)$ 方向の利得〔dBi〕，$E(\theta, \phi)$ は放射電界〔V/m〕，$E_a(\boldsymbol{r})$ は開口分布〔V/m〕である。放射電界は式 (3.1) で与えられるため，式 (3.4) は式 (3.5) のようになる。

$$G(\theta, \phi)=\frac{4\pi\left|\left(\dfrac{1+\cos\theta}{2}\right)\int_S E_a(\boldsymbol{r})\, e^{jk_0(x\sin\theta\cos\phi+y\sin\theta\sin\phi)}d\boldsymbol{r}\right|^2}{\lambda_0{}^2\int_S |E_a(\boldsymbol{r})|^2 d\boldsymbol{r}} \tag{3.5}$$

メインビーム方向，すなわち $\theta=0$ 度方向での利得 $G_M$〔dBi〕を考えると式(3.6) を得る。

$$G_M=\frac{4\pi}{{\lambda_0}^2}\frac{\left|\int_S E_a(\boldsymbol{r})d\boldsymbol{r}\right|^2}{\int_S |E_a(\boldsymbol{r})|^2 d\boldsymbol{r}} \tag{3.6}$$

ここで，コーシー・シュワルツの不等式

$$\left|\int A(f)B(f)df\right|^2 \leq \left[\int |A(f)|^2 df\right]\left[\int |B(f)|^2 df\right] \tag{3.7}$$

を用いると式 (3.8) を得る。

$$G_M \leq \frac{4\pi}{{\lambda_0}^2}\frac{\int_S |E_a(\boldsymbol{r})|^2 d\boldsymbol{r}\int_S d\boldsymbol{r}}{\int_S |E_a(\boldsymbol{r})|^2 d\boldsymbol{r}}=\frac{4\pi A_e}{{\lambda_0}^2} \tag{3.8}$$

ここに，$A_e$ は開口面アンテナの開口面積〔$\mathrm{m}^2$〕を表す。

コーシー・シュワルツの不等式 (3.7) において等号が成立するのは，$B(f)=aA^*(f)$ ($a$：任意の定数) のときである ($^*$ は複素共役を表す)。したがって，式 (3.9) が成立する場合において式 (3.8) の等号が成立する。

$$E_a(\boldsymbol{r})=1 \tag{3.9}$$

式 (3.9) は開口分布が等振幅・等位相の一様分布であることを表す。すなわち，開口分布が一様分布の場合にアンテナ利得は最大となり，その値は式 (3.8) 右辺で示されるとおり開口面積で決まる。式 (3.8) 右辺の利得は，開口効率 100%のアンテナ利得としてよく知られている式であり，アンテナ利得を高くするためには開口面積を大きくする必要があるという根本原理を表している。

開口分布が一様分布でない場合のアンテナ利得は，式 (3.8) 右辺で与えられる値よりも小さくなる。例えば，3.1.5 項で述べるような低サイドローブ化のために開口分布に振幅分布をつけた場合には，開口効率 100%のアンテナ利得よりも低くなることに留意する必要がある。

また，実際の開口面アンテナにおいて，開口効率 100%のアンテナ利得を得るのは原理的に不可能である。ホーンアンテナの場合，導波管内の伝搬モードにより開口分布が決まるため，そもそも一様分布の開口分布を得ることができない。また，反射鏡アンテナやレンズアンテナの開口分布は後述のようにガウス分布となり，これを一様分布に近づけようとすれば反射鏡やレンズに照射されない成分（スピルオーバ）が多くなり逆に開口効率が低下する。このため，例えば反射鏡アンテナの場合には開口効率 80％程度が理論限界値といわれている[19]。さらに，アンテナに給電する回路での伝送損失や不整合損などの損失も無視することができない。このため，開口面アンテナの利得は，式（3.8）右辺に対して開口効率 $\eta$ をかけて式（3.10）のように表すのが一般的である。

$$G_M=\frac{4\pi A_e}{\lambda_0{}^2}\eta \tag{3.10}$$

開口効率 $\eta$ はアンテナ方式や設計に依存するが，50〜60％程度となることが多い[19]。

### 3.1.3　開口面アンテナの放射指向性（1）：方形開口一様分布

**図 3.3** に示すような $x$ 方向に $D_x$，$y$ 方向に $D_y$ の方形開口，かつ開口分布が一様分布（等振幅・等位相）の開口面アンテナを考える。このとき，式（3.2）は式（3.11）のようになる。

$$\begin{aligned} g(\theta,\phi) &= \int_{-D_y/2}^{D_y/2}\int_{-D_x/2}^{D_x/2} e^{jk_0(x\sin\theta\cos\phi+y\sin\theta\sin\phi)}dxdy \\ &= D_xD_y\,\mathrm{sinc}(\pi U_x)\,\mathrm{sinc}(\pi U_y) \end{aligned} \tag{3.11}$$

ここに，sinc（−）は式（3.12）で与えられる関数であり，$U_x$，$U_y$ はそれぞれ式（3.13），（3.14）で与えられる変数である。

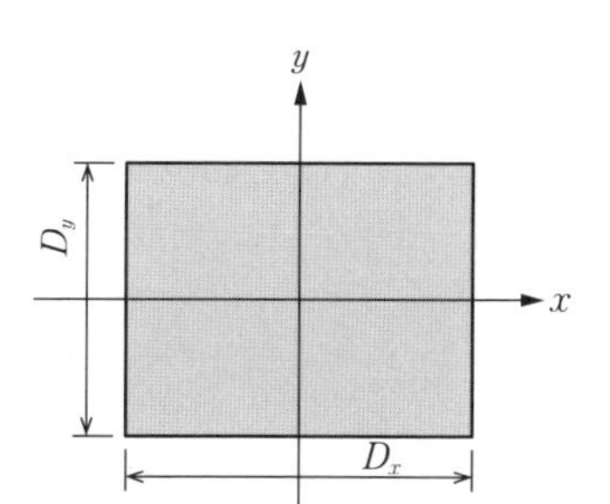


**図 3.3**　方形開口一様分布の開口面アンテナ諸元

$$\mathrm{sinc}(x)=\frac{\sin x}{x} \tag{3.12}$$

$$U_x=\frac{D_x}{\lambda_0}\sin\theta\cos\phi \tag{3.13}$$

$$U_y=\frac{D_y}{\lambda_0}\sin\theta\sin\phi \tag{3.14}$$

例として，$\phi=0$ 度面の放射指向性を**図 3.4** に示す。図 3.4 において，横軸は $U_x$，縦軸は最大値で規格化している。

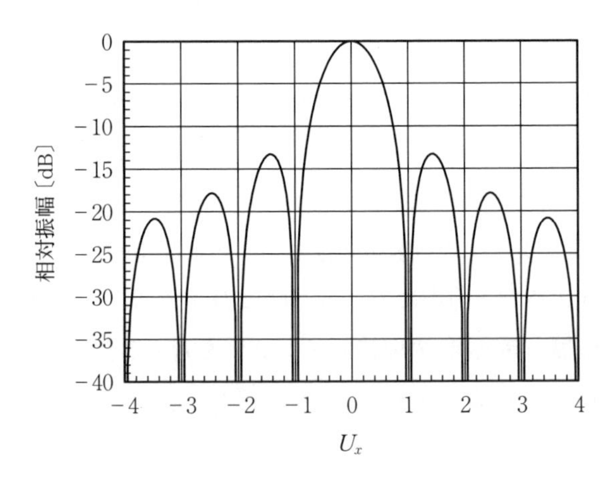


**図 3.4**　方形開口一様分布の放射指向性（$\phi=0$ 度面）

以上のように，方形開口一様分布の放射指向性は sinc 関数で記述できるため，サイドローブレベルやビーム幅も sinc 関数の性質からただちに求めることができる。例えば，$\phi=0$ 度，あるいは $\phi=90$ 度面内での第一サイドローブレベルは，よく知られているように −13.3 dB である。また，例えば $\phi=0$ 度面内におけるピークから 3 dB ダウンのビーム幅 $\theta_{BW}$〔rad〕は式 (3.15) から求めることができる。

$$\pi U_x=\frac{\pi D_x}{\lambda_0}\sin\frac{\theta_{BW}}{2}=1.3917\ldots \tag{3.15}$$

$\theta_{BW}$ は小さいとして近似すると式 (3.16) を得る。

$$\theta_{BW} = 0.886\frac{\lambda_0}{D_x} \quad \text{〔rad〕} \tag{3.16}$$

$\theta=90$ 度面でのビーム幅も同様に求めることができる。

式 (3.16) から，ビーム幅は波長比の開口寸法に反比例することがわかる。レーダとして高い角度分解能を得るためには狭いビーム幅が必要であるが，狭いビーム幅を得るためには開口寸法の大きいアンテナが必要になることを式 (3.16) は意味している。

### 3.1.4 開口面アンテナの放射指向性（2）：円形開口一様分布

**図 3.5** に示すような直径 $D$ の円形開口，かつ開口分布が一様分布（等振幅・等位相）の開口面アンテナを考える。このとき，式 (3.2) は式 (3.17) のようになる。

$$\begin{aligned} g(\theta, \phi) &= \int_0^{2\pi}\int_0^{D/2} e^{jk_0 r' \sin\theta \cos(\phi-\phi')} r' dr' d\phi' \\ &= \frac{\pi D^2}{4}\frac{2J_1(\pi U_r)}{\pi U_r} \end{aligned} \tag{3.17}$$

ここに，$J_1(-)$ は 1 次のベッセル関数であり，$U_r$ は式 (3.18) で与えられる変数である。

$$U_r = \frac{D}{\lambda_0}\sin\theta \tag{3.18}$$

円形開口一様分布の放射指向性を**図 3.6** に示す。図 3.6 において，横軸は

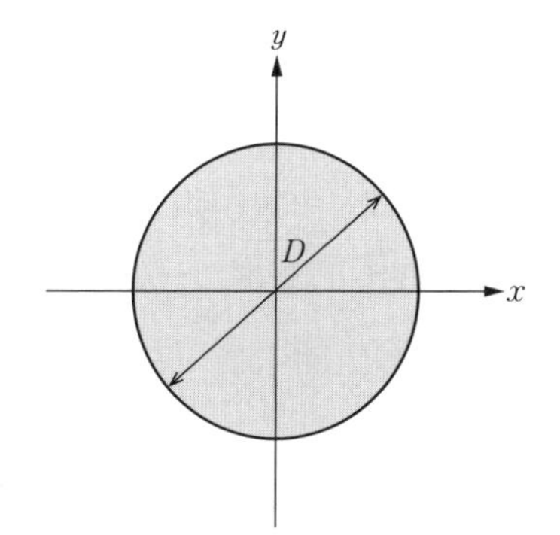


**図 3.5**　円形開口一様分布の開口面アンテナ諸元

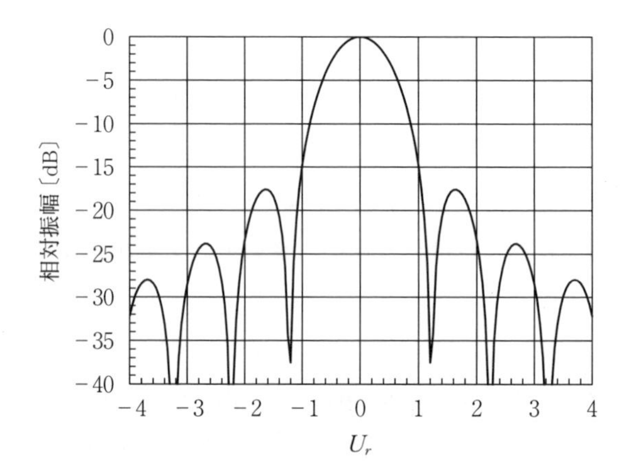


**図 3.6**　円形開口一様分布の放射指向性

$U_r$，縦軸は最大値で規格化している。

以上のように，円形開口一様分布の放射指向性は $2J_1(x)/x$ の関数で記述でき，サイドローブレベルやビーム幅もこの関数の性質からただちに求めることができる。第一サイドローブレベルは図 3.6 に示すように −17.6 dB であり，方形開口一様分布と比べると低サイドローブな特性となる。また，ピークから 3 dB ダウンのビーム幅 $\theta_{BW}$〔rad〕は式 (3.19) から求めることができる。

$$\pi U_r = \frac{\pi D}{\lambda_0} \sin \frac{\theta_{BW}}{2} = 1.616... \tag{3.19}$$

$\theta_{BW}$ は小さいとして近似すると，式 (3.20) を得る。

$$\theta_{BW} = 1.029 \frac{\lambda_0}{D} \quad \text{〔rad〕} \tag{3.20}$$

方形開口一様分布のビーム幅計算式 (3.16) と式 (3.20) とを比較すると，ビーム幅が波長比の開口寸法に反比例することは同じであるが，ビーム幅を与える係数が大きい。つまり，同一開口寸法の場合，円形開口一様分布のほうが，ビーム幅が広くなることを意味している。

### 3.1.5　開口面アンテナの放射指向性（3）：円形開口ガウス分布

レーダでは，地面などによる不要な反射波（クラッタ）の影響を抑圧するため，アンテナの低サイドローブ化が求められる場合が多い。一般論として，アンテナの低サイドローブ化は，開口中心付近の振幅が大きく，中心から開口端部に近づくにつれ振幅が小さくなる振幅分布をつけた場合に実現できる。低サイドローブ化の振幅分布としてはさまざまなものが提案されているが，ここでは円形開口に対するガウス分布の場合を考える。

反射鏡アンテナやレンズアンテナにおいて，1 次放射器からの入射波は一般的にガウスビームとなり，開口分布もガウス分布とみなすことができる。したがって，ガウス分布を有する開口面アンテナの放射特性を解析することにより，反射鏡アンテナやレンズアンテナの特性を概略把握することができる。

**図 3.7** に示すガウス分布を有する円形開口のアンテナを考える。図 3.7 において，横軸は開口径 $D$ で規格化した開口中心からの距離，縦軸は最大値で規格化した振幅分布である。ガウス分布は開口中心と開口端部の振幅比であるエッジレベルにより特徴づけることができる。直径 $D$ の円形開口の場合，開口中心からの距離 $r$ の振幅分布は式 (3.21) で表すことができる。

$$E_a(r)=e^{-\alpha r^2} \tag{3.21}$$

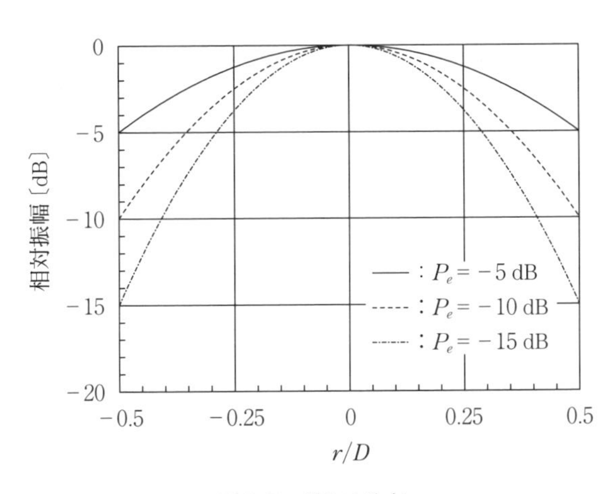


**図 3.7**　ガウス分布

ここに，$\alpha$ は係数であり，エッジレベルを $P_e$〔dB〕(負値) としたとき，式(3.22) で求めることができる。

$$\alpha = -\frac{P_e}{5D^2 \log_{10} e} \tag{3.22}$$

図 3.7 に示すガウス分布に対する放射指向性を**図 3.8** に示す。ここで，横軸 $U_r$ は式 (3.18) で与えられる変数 (角度に相当) であり，縦軸は相対振幅である。これより，エッジレベルが −5 dB，−10 dB，−15 dB の場合，第一サイドローブレベルはそれぞれ −20.4 dB，−24.3 dB，−30.0 dB となることがわかる。すなわち，エッジレベルが小さくなるにつれ低サイドローブとなる様子がわかる。また，低サイドローブ化と同時にビーム幅が広くなる様子がわかる。このことは，低サイドローブ化の振幅分布をつけた場合にアンテナ利得が低下することに対応している。このように，低サイドローブ化と，アンテナ利得およびビーム幅との間にはトレードオフの関係があるため，この関係を考慮に入れたうえでアンテナ設計を行う必要がある。

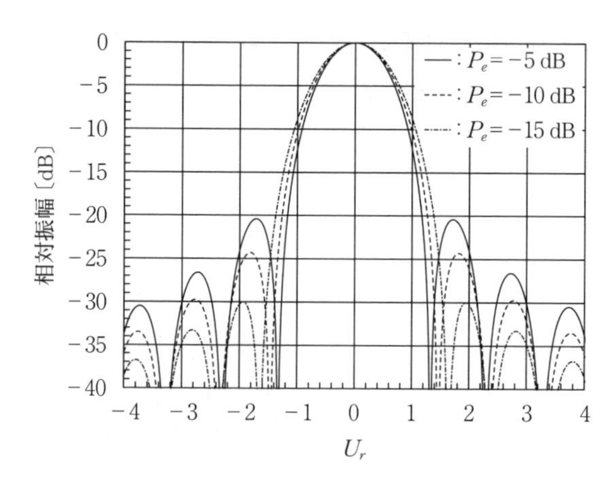


**図 3.8**　円形開口ガウス分布の放射指向性

### 3.1.6　アレーアンテナの概要

複数個の素子アンテナを直線，平面，あるいは曲面状などに配列し，その励振電流(電圧)の振幅と位相を制御することにより，所望の放射指向性を得るアンテナをアレーアンテナという。アレーアンテナは，複数の素子アンテナ(以下，素子)と，素子を励振する給電回路から構成される。素子としては，ダイポールなどの線状アンテナや，スロットアンテナ，マイクロストリップアンテナなどの低利得でビーム幅の広いアンテナが広く用いられる。給電回路についても種々の形式が用いられ，単純な分配／合成回路だけでなく，移相器や高出力増幅器，低雑音増幅器なども給電回路に含まれる。

アレーアンテナでは，素子の種類，配列方法，給電回路による素子の励振方法などによって，単一のアンテナではできないさまざまな機能を実現することができる。例えば，以下のような機能を実現できる。

（1） 送受信方向の電子的な走査(ビーム走査)

（2） 低サイドローブ放射指向性の実現

（3） 放射指向性の特定方向への零点形成

（4） 成形ビームの実現

レーダにとって最も重要な機能は，アンテナを機械的に駆動することなく送受信方向を電子的に変えることのできるビーム走査である。これにより，目標の捜索時間の削減や目標捜索と目標追尾の同時運用などが可能になり，レーダの能力が飛躍的に向上する。このため，近年の高性能レーダでは電子的なビーム走査機能が必須となっている。

電子的なビーム走査は各素子の励振位相を変えることにより実現でき，そのような機能を有するアレーアンテナはフェーズドアレーと呼ばれる。代表的なフェーズドアレーの構成を**図 3.9** に示す。図 3.9(a)の構成は，複数の素子，各素子の励振位相を変える移相器，各素子に信号を分配する電力分配器からなるフェーズドアレーの基本構成であり，パッシブフェーズドアレーと呼ばれる。図 3.9(b)の構成は，送信電力や受信感度の向上を目的として，各素子に増幅器を設ける構成であり，アクティブフェーズドアレーと呼ばれる。図 3.9(a)や(b)の構成では，各素子の励振位相はアナログ回路により変えることを想定している。一方，図 3.9(c)の構成は，IF 帯やベースバンド帯域

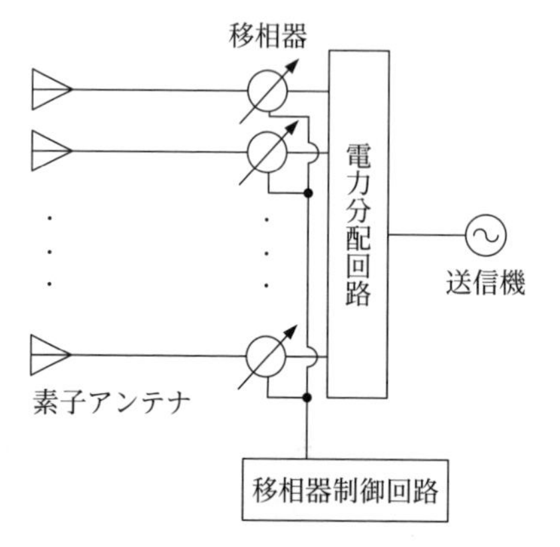

（a） パッシブフェーズドアレー

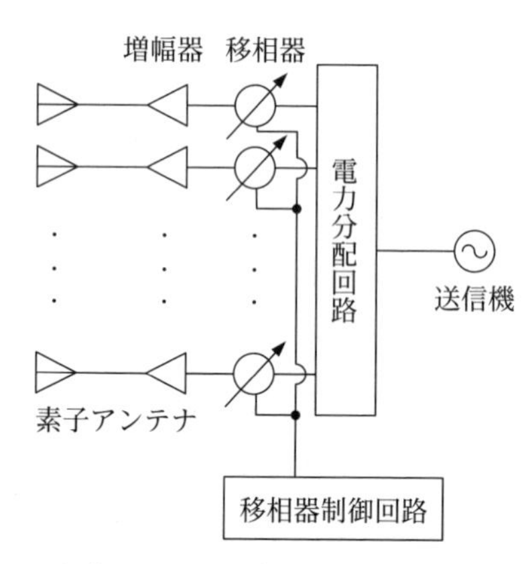

（b） アクティブフェーズドアレー

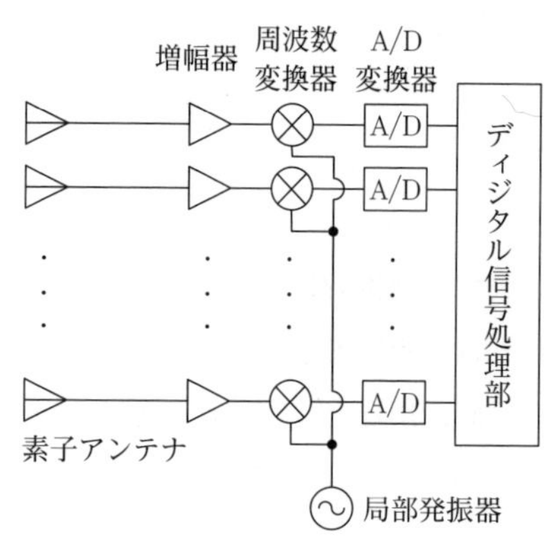

（c） ディジタルビームフォーミング

**図 3.9**　フェーズドアレーの構成

のアナログ信号をディジタル信号に変換し，ディジタル信号の領域で励振位相を変化させる方式であり，この方式は特にディジタルビームフォーミングと呼ばれる。ディジタルビームフォーミングでは，ディジタル信号処理によりビーム形成を行うため，単なるビーム走査だけでなく，マルチビーム形成などの多種多様なビーム形成も容易に実現することができる。

### 3.1.7　アレーアンテナの放射指向性解析

**図 3.10** の素子数 $N$ のアレーアンテナの放射指向性を考える。各素子の放射

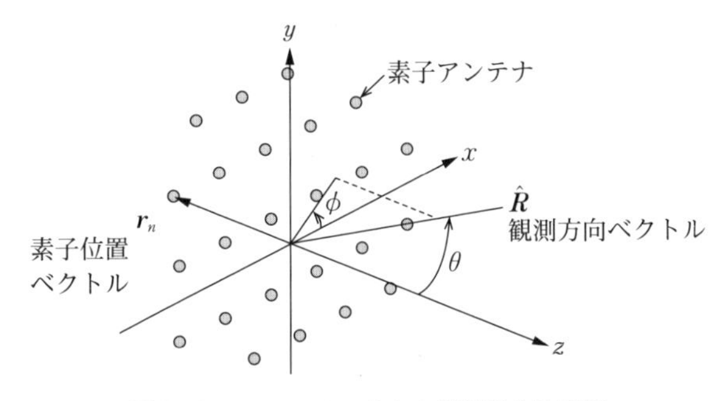


図 3.10　アレーアンテナの放射指向性解析

指向性（素子指向性）が同一であり，かつ素子間相互結合が無視できる場合，アレーアンテナの放射指向性（放射電界）は式（3.23）で求めることができる[20)]。

$$E(\theta,\ \phi)=e(\theta,\ \phi)\sum_{n=1}^{N}a_n e^{j\phi_n}e^{jk_0\hat{R}\cdot r_n} \tag{3.23}$$

ここに，$e(\theta,\ \phi)$ は素子指向性，$a_n$ は素子 $n$ の励振振幅，$\psi_n$ は素子 $n$ の励振位相，$k_0$ は自由空間中の波数，$\widehat{\boldsymbol{R}}$ は放射電界の観測方向ベクトル，$\boldsymbol{r}_n$ は素子 $n$ の位置ベクトルを表す。また，式（3.23）右辺のシグマの項はアレーファクタと呼ばれ，各素子の励振振幅と励振位相，および素子位置と観測方向の関係から決まる項である。

式（3.23）より，アレーアンテナの放射指向性は素子指向性とアレーファクタの積で表されることがわかる。素子指向性がブロード，かつ素子数が十分大きい場合には，アレーアンテナの放射指向性はアレーファクタによりおおむね決定される。このため，次項以降ではアレーファクタにより放射指向性の解説を行うものとする。

ところで，開口面アンテナの放射指向性を表す式（3.1）および式（3.2）と，式（3.23）を比較すると両者の類似性が見てとれ，アレーアンテナは開口面アンテナを離散化したものであると解釈することができる。したがって，素子数が多くかつ開口径が波長に比べて十分大きいアレーアンテナの放射指向性は，同じ開口分布を有する開口面アンテナの放射指向性と同等の特性となる。レーダでは，高利得かつ狭ビーム幅のアンテナが必要とされることが多いため，素子数が多くかつ開口径が波長に比べて十分大きいアレーアンテナとなる場合が多い。このような場合には，3.1.3～3.1.5 項の結果からアレーアンテナのアンテナ利得，ビーム幅，サイドローブレベルなどの概略設計を行うことも可能である。

### 3.1.8　リニアアレーの放射指向性

**図 3.11** に示す $x$ 軸上に等間隔で素子が配列されたリニアアレーのアレーファクタは，式 (3.23) より式 (3.24) で与えられる。

$$AF(\theta)=\sum_{n=1}^{N}a_n e^{j\phi_n}e^{jk_0(n-1)d\sin\theta} \tag{3.24}$$

式 (3.24) において，$\phi_n=0$，すなわち各素子の励振位相が等位相の場合を考える。このとき，観測方向が $\theta=0$ 度となる場合，アレーファクタの各項は同相となり，アレーファクタは最大値をとる。これは，アレーアンテナのメインビーム方向が $\theta=0$ 度方向となることを意味する。

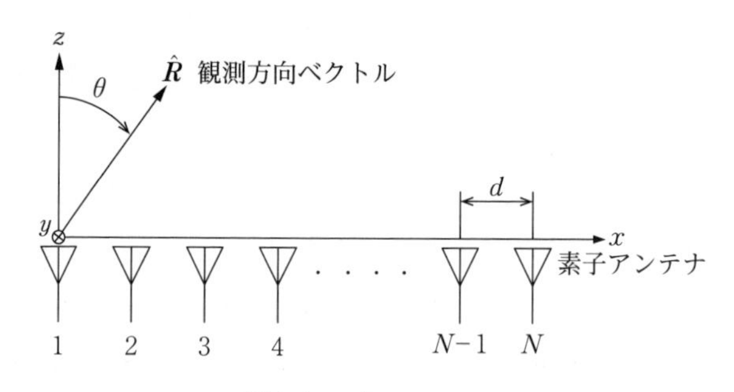


**図 3.11**　リニアアレー

一方，式 (3.25) の条件を満足する励振位相を各素子に与えた場合には，アレーファクタの各項は観測方向 $\theta=\theta_0$ となる方向において同相となり，最大値をとる。

$$\phi_n=-k_0(n-1)d\sin\theta_0 \tag{3.25}$$

すなわち，式 (3.25) の励振位相を各素子に与えることにより，メインビー

ム方向が $\theta=\theta_0$ の方向に変化する。このことから，式 (3.25) の励振位相はビーム走査位相と呼ばれる。フェーズドアレーの電子的なビーム走査は，ビーム走査位相を各素子に与えることにより実現される。

素子数 9 とし，各素子の励振振幅が等振幅の場合のアレーファクタの計算例を**図 3.12** に示す。図 3.12 において，横軸は式 (3.26) で与えられる変数 $u$ であり，観測角度に相当する変数である。

$$u=k_0 d \sin\theta \tag{3.26}$$

実線は各素子の励振位相を等位相とした場合であり，破線は $u=\pi/2$ となるビーム走査位相を与えた場合である。これからわかるように，ビーム走査とは $u$ 軸上を平行移動させることに相当する。

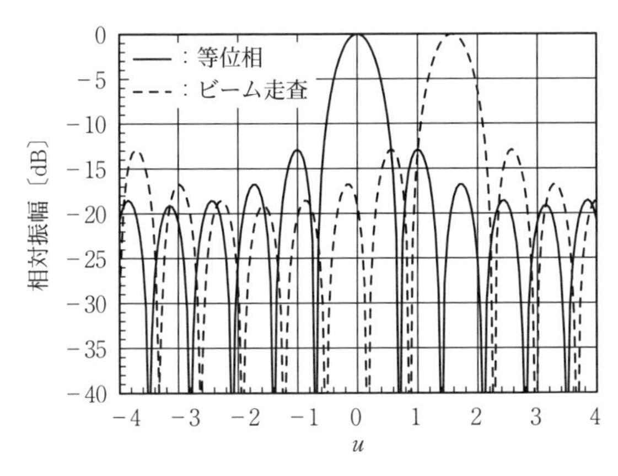


**図 3.12**　リニアアレーのアレーファクタ計算例（等振幅分布，$N=9$）

### 3.1.9　リニアアレーのグレーティングローブ

$\theta=\theta_0$ 方向へのビーム走査位相，すなわち式 (3.25) を各素子に与えたときのアレーファクタを改めて書くと式 (3.27) となる。

$$AF(\theta)=\sum_{n=1}^{N} a_n e^{jk_0(n-1)d(\sin\theta-\sin\theta_0)} \tag{3.27}$$

これより，アレーファクタの各項が同相合成される条件は，$\theta=\theta_0$ となる条件以外にも存在し，式 (3.28) が成立する条件となる。

$$k_0 d(\sin\theta - \sin\theta_0) = 2m\pi \tag{3.28}$$

これより，式 (3.29) を得る。

$$\frac{d}{\lambda_0}(\sin\theta - \sin\theta_0) = m \tag{3.29}$$

ここに，$m$ は任意の整数である。$m=0$ の場合はメインビームの観測角度 $\theta$ を与える条件であるのに対し，$m\neq 0$ の場合はメインビーム方向以外の観測角度 $\theta$ においてアレーファクタが最大値をとる条件である。このようにメインビーム方向以外で最大値となるビームはグレーティングローブと呼ばれる。式 (3.29) からわかるように，グレーティングローブが発生する観測角度 $\theta$ は，波長比の素子間隔とビーム走査角に依存する。

グレーティングローブの発生は，アンテナ利得の低下につながるだけでなく，スキャンブラインドネスと呼ばれるアレーアンテナが放射できなくなる現象の原因にもなる[21),22)]。レーダとしては，グレーティングローブは偽像の発生にもつながる。このため，通常はグレーティングローブの発生を回避する設計が行われる。具体的には，与えられたビーム走査範囲内で，グレーティングローブが発生しない素子間隔が選定される。

リニアアレーにおいて，グレーティングローブが発生しない素子間隔の条件を導出する。ビーム走査角を $\theta_0\,(\geq 0)$ とすれば，式 (3.29) 左辺の絶対値が最大となる条件は $\theta=-\pi/2$ のときである。したがって，式 (3.30) を満足すればグレーティングローブは発生しない。

$$\frac{d}{\lambda_0}\left[\sin\left(-\frac{\pi}{2}\right) - \sin\theta_0\right] < -1 \tag{3.30}$$

これより，グレーティングローブが発生しない素子間隔 $d$ の条件は式 (3.31) となる。

$$d < \frac{\lambda_0}{1+\sin\theta_0} \tag{3.31}$$

すなわち，式 (3.31) よりも狭い素子間隔を選ぶことにより，与えられたビーム走査範囲内において，グレーティングの発生を回避することができる。

なお，式(3.31)の両辺が等しくなる条件は，$\theta=\theta_0$ 方向へのビーム走査時において，グレーティングローブがアレー配列方向に発生する条件である。この条件を図示すると**図 3.13** になる。

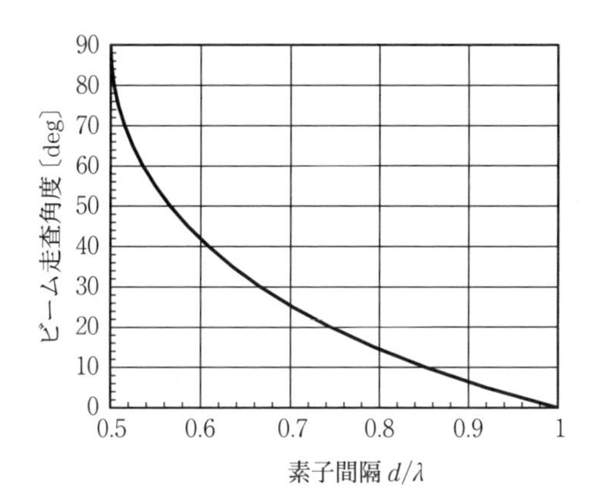


**図 3.13** リニアアレーのグレーティングローブ発生条件

### 3.1.10 等振幅リニアアレーのアンテナ利得，サイドローブレベル，ビーム幅

各素子の励振振幅を等振幅とし，$\theta=\theta_0$ 方向へビーム走査した場合のアンテナ利得，ビーム幅，サイドローブレベルを解説する。前提条件として，以下を想定する。

（1） 素子パターンは無指向性，あるいは十分ブロードであり，アレーアンテナとしての放射指向性への影響は無視できる。

（2） 素子数は十分大きい。

（3） ビーム走査時含め，グレーティングローブは発生しない。

（4） 素子間相互結合は無視する。

アレーアンテナの利得は，式(3.32)で与えられる指向性利得の定義から求めることができる。

$$D(\theta_0,\ \phi_0)=\frac{|E(\theta_0,\ \phi_0)|^2}{\dfrac{1}{4\pi}\displaystyle\int_0^{2\pi}\int_0^{\pi}|E(\theta,\ \phi)|^2\sin\theta d\theta d\phi} \tag{3.32}$$

ここに，$E(\theta,\phi)$ は $(\theta,\phi)$ 方向の放射電界であり，式 (3.23) で与えられる。

上述の前提条件の等振幅リニアアレーにおいて $\theta=\theta_0$ 方向へビーム走査したときの指向性利得は，式 (3.27) を式 (3.32) に代入し，式 (3.33) で求めることができる（詳細な導出は付録 A を参照）。

$$\begin{aligned}D(\theta_0)&=\frac{\left|\displaystyle\sum_{n=1}^{N}e^{jk_0(n-1)d(\sin\theta-\sin\theta_0)}\right|^2_{\theta=\theta_0}}{\dfrac{1}{4\pi}\displaystyle\int_0^{2\pi}\int_0^{\pi}\left|\sum_{n=1}^{N}e^{jk_0(n-1)d(\sin\theta\cos\phi-\sin\theta_0)}\right|^2\sin\theta d\theta d\phi}\\&=\frac{N^2}{\dfrac{1}{4\pi}\displaystyle\int_0^{2\pi}\int_0^{\pi}\left|\sum_{n=1}^{N}e^{jk_0(n-1)d(\sin\theta\cos\phi-\sin\theta_0)}\right|^2\sin\theta d\theta d\phi}\\&\approx\frac{2Nd}{\lambda_0}\end{aligned} \tag{3.33}$$

これより，等振幅リニアアレーの指向性利得は，波長比の素子間隔と素子数に比例することがわかる。特に素子間隔が半波長の場合には，指向性利得は素子数そのものになる。また，等振幅リニアアレーの指向性利得はビーム走査角に依存しないことにも注目する必要がある。ただし，素子パターンが無指向性であることを仮定しているため，素子パターンの影響を考慮しなければならない場合，特に広角方向にビーム走査する場合には，上述の結果からの誤差が大きくなることに注意する必要がある。

つぎに，等振幅リニアアレーのアレーファクタの計算を進めると式 (3.34) を得る。

$$\begin{aligned}AF(\theta)&=\sum_{n=1}^{N}e^{jk_0(n-1)d(\sin\theta-\sin\theta_0)}\\&=\frac{\sin\left[\dfrac{k_0Nd(\sin\theta-\sin\theta_0)}{2}\right]}{\sin\left[\dfrac{k_0d(\sin\theta-\sin\theta_0)}{2}\right]}e^{jk_0(N-1)d(\sin\theta-\sin\theta_0)/2}\end{aligned} \tag{3.34}$$

式 (3.34) を最大値で規格化すると，等振幅リニアアレーの放射指向性はつぎの関数により記述できることがわかる。

$$F(u')=\frac{\sin(u'N/2)}{N\sin(u'/2)} \tag{3.35}$$

$$u'=k_0d(\sin\theta-\sin\theta_0) \tag{3.36}$$

素子間隔 $d$ が波長に比べて小さく，観測角度 $\theta$ をメインビーム近傍とすれば，$u'\ll 1$ となるため，式 (3.35) は式 (3.37) となる。

$$F(u')=\frac{\sin(u'N/2)}{u'N/2} \tag{3.37}$$

すなわち，等振幅リニアアレーの放射指向性は，3.1.3 項で述べた方形開口一様分布の開口面アンテナの放射指向性と同じく，sinc 関数で記述できる。したがって，第一サイドローブレベルは方形開口一様分布の開口面アンテナと同じく，−13.3 dB となる。また，ピークから 3 dB ダウンのビーム幅 $\theta_{BW}$〔rad〕は，式 (3.15) と同様にして式 (3.38) から求めることができる。

$$\frac{u'N}{2}=1.3917\ldots \tag{3.38}$$

$\theta_{BW}$ は小さいとして近似すると式 (3.39) を得る。

$$\begin{aligned}\theta_{BW}&\approx 0.886\frac{\lambda_0}{Nd\cos\theta_0}\\&=0.886\frac{\lambda_0}{D_x\cos\theta_0}\quad\text{〔rad〕}\end{aligned} \tag{3.39}$$

ここに，$D_x=Nd$ であり，リニアアレーの開口寸法を表す。このため，式 (3.39) 右辺の分母は $\theta=\theta_0$ 方向に投影した開口寸法を表している。したがって，ビーム走査方向へ投影した開口寸法の考え方を導入すれば，等振幅リニアアレーのビーム幅は，方形開口一様分布の開口面アンテナのビーム幅を表す式 (3.16) と本質的に同一となることがわかる。

### 3.1.11　平面アレーの放射指向性

平面アレーは平面上に素子を配置したアレーアンテナであり，レーダ用途で実用化されているフェーズドアレーのほとんどはこのタイプに属する。平面アレーは素子の配列方法によってさまざまなタイプのものがあるが，**図 3.14** に示す 4 角形の頂点を配列格子とする 4 角配列と 3 角形の頂点を格子とする 3 角配列が代表的である。ここでは，最初に平面アレーの放射指向性の一般式を示す。

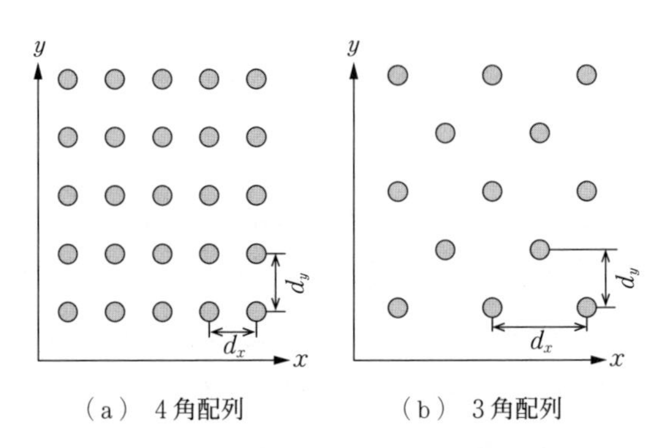


（a） 4 角配列　　（b） 3 角配列

**図 3.14**　代表的な平面アレーの素子配列

$xy$ 平面上に配列された平面アレーのアレーファクタは，式 (3.23) より式 (3.40) となる。

$$AF(\theta, \phi) = \sum_{l=1}^{L} a_l e^{j\phi_l} e^{jk_0(x_l \sin\theta\cos\phi + y_l \sin\theta\sin\phi)} \tag{3.40}$$

ここに，$(\theta, \phi)$ は観測方向，$l$ は素子番号，$L$ は素子数，$a_l$ は素子 $l$ の励振振幅，$\phi_l$ は素子 $l$ の励振位相，$(x_l, y_l)$ は素子 $l$ の座標である。

これより，$(\theta_0, \phi_0)$ 方向へのビーム走査位相は式 (3.41) となる。

$$\phi_l = -k_0(x_l \sin\theta_0 \cos\phi_0 + y_l \sin\theta_0 \sin\phi_0) \tag{3.41}$$

### 3.1.12　4 角配列平面アレーの放射指向性

**図 3.15** に示す 4 角配列の平面アレーを考える。図 3.15 に示すように，$x$ 方向に $d_x$，$y$ 方向に $d_y$ の素子間隔で配列され，それぞれの方向に対して $m$，$n$ で番号づけするものとする。これより，素子 $mn$ の位置ベクトル $\boldsymbol{r}_{mn}$ は式 (3.42) となる。

$$\boldsymbol{r}_{mn} = md_x\hat{x} + nd_y\hat{y} \tag{3.42}$$

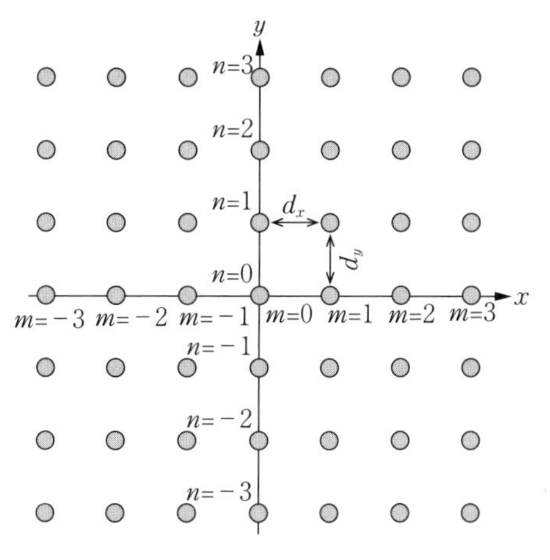


**図 3.15** 4 角配列の平面アレー

また，素子 $mn$ の励振振幅 $a_{mn}$ が式 (3.43) のように変数分離の形で表されるものとする。

$$a_{mn}=a_m a_n \tag{3.43}$$

さらに，励振位相 $\psi_{mn}$ を $(\theta_0, \phi_0)$ 方向へのビーム走査位相とすると式 (3.44) となる。

$$\psi_{mn}=-k_0(x_m \sin\theta_0 \cos\phi_0+y_n \sin\theta_0 \sin\phi_0) \tag{3.44}$$

以上を式 (3.40) に代入すると，4 角配列の平面アレーのアレーファクタは式 (3.45) のようになる。

$$\begin{aligned}AF(\theta, \phi) &=\sum_m \sum_n a_{mn} e^{j\psi_{mn}} e^{jk_0(x_m \sin\theta\cos\phi+y_n \sin\theta\sin\phi)}\\ &=\sum_m \sum_n a_m a_n e^{-jk_0(x_m \sin\theta_0\cos\phi_0+y_n \sin\theta_0\sin\phi_0)} e^{jk_0(x_m \sin\theta\cos\phi+y_n \sin\theta\sin\phi)}\\ &=\sum_m a_m e^{jk_0 m d_x(\sin\theta\cos\phi-\sin\theta_0\cos\phi_0)} \sum_n a_n e^{jk_0 n d_y(\sin\theta\sin\phi-\sin\theta_0\sin\phi_0)}\\ &=\sum_m a_m e^{jm(u-u_0)} \sum_n a_n e^{jn(v-v_0)}\end{aligned} \tag{3.45}$$

ここに，$u$，$u_0$，$v$，$v_0$ は以下の式で定義される変数である。

$$u=k_0 d_x \sin\theta\cos\phi, \qquad u_0=k_0 d_x \sin\theta_0 \cos\phi_0 \tag{3.46}$$

$$v=k_0 d_y \sin\theta\sin\phi, \qquad v_0=k_0 d_y \sin\theta_0 \sin\phi_0 \tag{3.47}$$

式 (3.45) より，素子 $mn$ の励振振幅 $a_{mn}$ が式 (3.43) のように変数分離の形で表される場合，4 角配列の平面アレーのアレーファクタは，$x$ 方向，$y$ 方向の素子配列をそれぞれリニアアレーとみなしたときの各アレーファクタの積で表されることがわかる。したがって，$zx$ 面，あるいは $yz$ 面でのグレーティンググローブ発生条件も，$x$ 方向，$y$ 方向それぞれのリニアアレーの条件と同一となる。ただし，$\phi=45$ 度面など，$zx$ 面，あるいは $yz$ 面以外の面内におけるグレーティンググローブ発生条件は，単純なリニアアレーとみなせないため，後述のグレーティンググローブチャートを用いて考察する必要がある。

### 3.1.13　任意周期配列平面アレーの放射指向性とグレーティンググローブチャート

**図 3.16** に示す任意の周期配列を有する平面アレーを考える。図 3.16 に示すように，$x$ 軸を周期配列の一方の基準軸とし，$d_x$ の素子間隔で配列されているものとする。また，$y$ 方向には $d_y$ の間隔となっているが，$x$ 軸から角度 $\alpha$ の軸を周期配列のもう一方の基準軸としている。さらに，各素子は，$x$ 軸方向に対して $m$ で番号づけされ，$x$ 軸から角度 $\alpha$ の基準軸方向に対して $n$ で番号づけされるものとする。これより，素子 $mn$ の位置ベクトル $\boldsymbol{r}_{mn}$ は式 (3.48) となる。

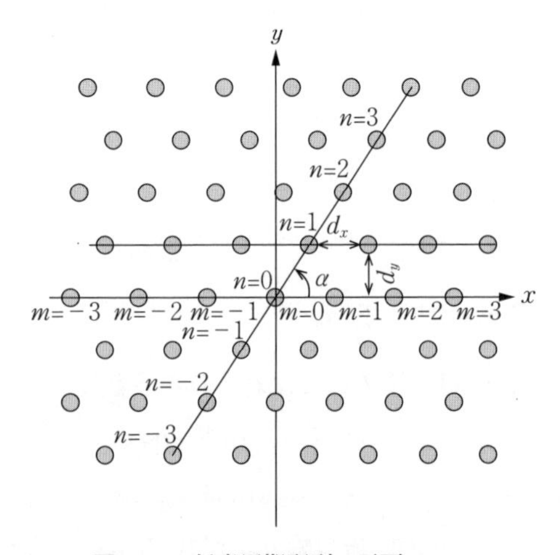


**図 3.16**　任意周期配列の平面アレー

$$\boldsymbol{r}_{mn}=md_x\hat{x}+\frac{nd_y}{\sin\alpha}(\cos\alpha\hat{x}+\sin\alpha\hat{y})$$
$$=\left(md_x+\frac{nd_y}{\tan\alpha}\right)\hat{x}+nd_y\hat{y} \tag{3.48}$$

式(3.48)を式(3.40)に代入すると，任意周期配列の平面アレーのアレーファクタは式(3.49)のようになる。

$$AF(\theta,\phi)=\sum_{m,n}^{M,N}a_{mn}e^{j\phi_{mn}}e^{jk_0\left[\left(md_x+\frac{nd_y}{\tan\alpha}\right)\sin\theta\cos\phi+nd_y\sin\theta\sin\phi\right]}$$
$$=\sum_{m,n}^{M,N}a_{mn}e^{j\phi_{mn}}e^{jk_0md_xT_x}e^{jk_0nd_y\left(T_y+\frac{T_x}{\tan\alpha}\right)} \tag{3.49}$$

ここに，$M$，$N$ はそれぞれ $m$，$n$ 方向の素子数である。また，観測方向 $(\theta,\phi)$ への単位ベクトルに対する $x$ 軸，$y$ 軸の方向余弦として，以下の変数を定義した。

$$T_x=\sin\theta\cos\phi \tag{3.50}$$
$$T_y=\sin\theta\sin\phi \tag{3.51}$$

式(3.49)より，$(\theta_0,\phi_0)$ 方向へのビーム走査位相は式(3.52)となる。

$$\phi_{mn}=-k_0md_xT_{x0}-k_0nd_y\left(T_{y0}+\frac{T_{x0}}{\tan\alpha}\right) \tag{3.52}$$

ここで，ビーム走査方向 $(\theta_0,\phi_0)$ への単位ベクトルに対する $x$ 軸，$y$ 軸の方向余弦として，以下の変数を定義した。

$$T_{x0}=\sin\theta_0\cos\phi_0 \tag{3.53}$$
$$T_{y0}=\sin\theta_0\sin\phi_0 \tag{3.54}$$

式(3.52)を式(3.49)に代入すると式(3.55)を得る。

$$AF(\theta,\phi)=\sum_{m,n}^{M,N}a_{mn}e^{j\phi_{mn}}e^{jk_0\left[\left(md_x+\frac{nd_y}{\tan\alpha}\right)\sin\theta\cos\phi+nd_y\sin\theta\sin\phi\right]}$$
$$=\sum_{m,n}^{M,N}a_{mn}e^{jk_0md_x(T_x-T_{x0})}e^{jk_0nd_y\left[(T_y-T_{y0})+\frac{T_x-T_{x0}}{\tan\alpha}\right]} \tag{3.55}$$

式(3.55)が，$(\theta_0,\phi_0)$ 方向へビーム走査位相したときの任意周期配列のアレーファクタである。

つぎに，任意周期配列平面アレーのグレーティングローブ発生条件を求める。グレーティングローブ発生条件は，アレーファクタの全複素ベクトルが同相合成される条件であるため，式 (3.55) より以下の条件式を導くことができる。

$$k_0 d_x (T_x - T_{x0}) = 2m'\pi \tag{3.56}$$

$$k_0 d_y \left[ (T_y - T_{y0}) + \frac{T_x - T_{x0}}{\tan\alpha} \right] = 2n'\pi \tag{3.57}$$

ここに，$m'$，$n'$ は任意の整数である。

これらの式を $T_x$，$T_y$ について解くと以下の式を得る。

$$T_x = T_{x0} + \frac{m'\lambda_0}{d_x} \tag{3.58}$$

$$T_y = T_{y0} + \frac{n'\lambda_0}{d_y} - \frac{m'\lambda_0}{d_x \tan\alpha} \tag{3.59}$$

式 (3.58)，(3.59) において，$m'=n'=0$ の方向に対応する $T_x$，$T_y$ はメインビーム方向を表す。$m'=n'=0$ 以外の $T_x$，$T_y$ は，グレーティングローブが発生する観測方向を表す変数である。したがって，式 (3.58)，(3.59) で求められる点を**図 3.17** に示すように $T_x$-$T_y$ 平面上に描画することにより，グレーティングローブが発生する方向を図的に把握することができる。このような図をグレーティングローブチャートと呼ぶ。なお，図 3.17 の●点は $m'=n'=0$ の方向，すなわちメインビーム方向を表している。また，$T_x$，$T_y$ には以下の関係が成り立つ

$$T_x^2 + T_y^2 = \sin^2\theta \leq 1 \tag{3.60}$$

すなわち，実際に $T_x$，$T_y$ がとりうる値は，グレーティングローブチャート上の単位円内であり，この領域は可視領域と呼ばれる。各グレーティングローブを表す点が可視領域内にあれば，その方向にグレーティングローブが発生することを表し，可視領域外であれば，そのグレーティングローブは発生しないことを表す。また，ビーム走査は，メインビームおよびグレーティングローブを表す各点が，グレーティングローブチャートにおいて $(T_{x0},\ T_{y0})$ だけ平行移動することに相当する。したがって，この平行移動により，グレーティング

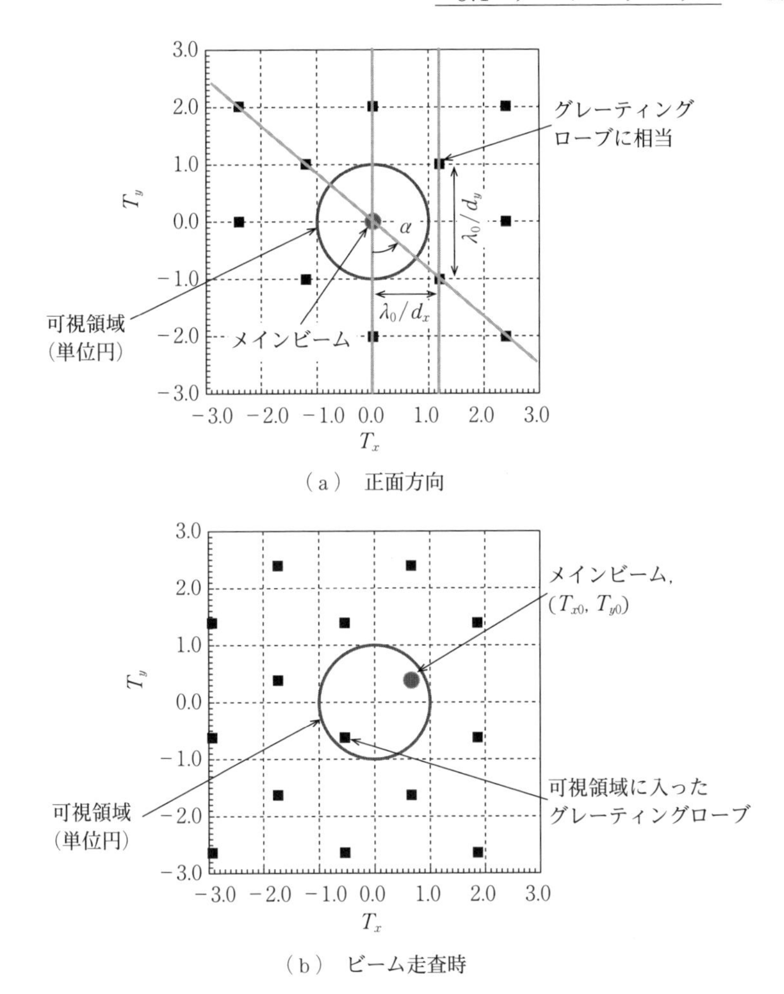


(a) 正面方向

(b) ビーム走査時

**図 3.17** 任意周期配列平面アレーのグレーティングローブチャート

ローブを表す各点が可視領域に入るか否かを評価することにより，グレーティンググローブの発生有無を評価することができる。例えば，図 3.17 の例では，図(a)はビーム走査をせずメインビームがアンテナ正面方向の場合，図(b)はビーム走査をした場合のグレーティンググローブチャートである。これより，この例ではビーム走査をしない場合にはグレーティンググローブが発生しないが，ビーム走査によりグレーティンググローブが可視領域内に入る様子が見てとれる。このように，グレーティンググローブチャートを用いることにより，2次元的なビーム走査をしたときのグレーティンググローブ発生有無を図的に評価することができるようになる。レーダ用途の2次元ビーム走査のフェーズドアレーの設計では，グレーティンググローブチャートを用いることにより，所望のビーム走査範囲内でグレーティングが発生しない素子配列が決定される。

### 3.1.14　平面アレーのアンテナ利得

図3.16に示した任意周期配列の平面アレーにおいて，各素子の励振振幅を等振幅とし，$\theta=\theta_0$ 方向へビーム走査した場合のアンテナ利得を解説する。前提条件として，以下を想定する。

（1） 素子パターンは無指向性，あるいは十分ブロードであり，アレーアンテナとしての放射指向性への影響は無視できる。

（2） 素子数は十分大きい。

（3） ビーム走査時含め，グレーティンググローブは発生しない。

（4） $xy$ 面内に素子配列された平面アレーのため，放射領域は $0\leq\theta\leq 90$ deg の半空間とする。

（5） 素子間相互結合は無視する。

等振幅かつ任意周期配列の平面アレーにおいて，$\theta=\theta_0$ 方向へビーム走査したときのアンテナ利得（指向性利得）は，式(3.55)を式(3.32)に代入し，式(3.61)で求めることができる（詳細な導出は付録Bを参照）。

$$D(\theta_0,\ \phi_0)=\frac{\left|\sum_{m,n}^{M,N}e^{jk_0md_x(T_x-T_{x0})}e^{jk_0nd_y\left[(T_y-T_{y0})+\frac{T_x-T_{x0}}{\tan\alpha}\right]}\right|^2_{\theta=\theta_0,\phi=\phi_0}}{\frac{1}{4\pi}\int_0^{2\pi}\int_0^{\pi/2}\left|\sum_{m,n}^{M,N}e^{jk_0md_x(T_x-T_{x0})}e^{jk_0nd_y\left[(T_y-T_{y0})+\frac{T_x-T_{x0}}{\tan\alpha}\right]}\right|^2\sin\theta d\theta d\phi}$$

$$=\frac{M^2N^2}{\frac{1}{4\pi}\int_0^{2\pi}\int_0^{\pi/2}\left|\sum_{m,n}^{M,N}e^{jk_0md_x(T_x-T_{x0})}e^{jk_0nd_y\left[(T_y-T_{y0})+\frac{T_x-T_{x0}}{\tan\alpha}\right]}\right|^2\sin\theta d\theta d\phi}$$

$$\approx\frac{4\pi MNd_xd_y}{{\lambda_0}^2}\cos\theta_0 \tag{3.61}$$

ここで，**図3.18**に示すように，周期配列において1素子が占有する面積

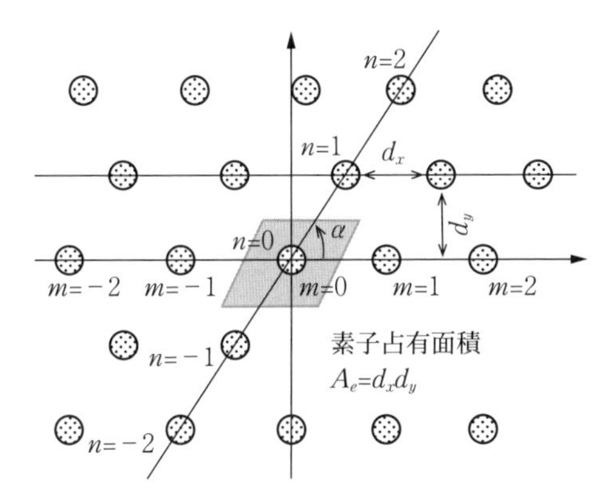


**図 3.18**　任意周期配列平面アレーの素子占有面積の定義

（素子占有面積）を $A_e=d_xd_y$ として定義すると，式（3.61）は式（3.62）のようになる。

$$D(\theta_0,\ \phi_0)=MN\times\frac{4\pi A_e\cos\theta_0}{{\lambda_0}^2} \tag{3.62}$$

ここで，式（3.62）右辺の後半部分は，ビーム走査方向に投影した素子占有面積による利得であり，1 素子当りの利得（素子利得）と解釈することができる。したがって，式（3.62）は，アレーアンテナとしての指向性利得は素子利得の素子数倍の利得となることを表している。また，素子占有面積の素子数倍はアレーアンテナの開口面積でもあるため，式（3.62）は開口効率 100%の利得を表しているともいえる。

### 3.1.15　4 角配列平面アレーと 3 角配列平面アレーの比較

正方形の頂点を配列格子とする 4 角配列（以下，正方形配列）と正 3 角形の頂点を格子とする 3 角配列（以下，正 3 角配列）の場合について，素子間隔や指向性利得の比較を行う。

アンテナ正面方向である $\theta=0$ 度にビーム走査したときの正方形配列と正 3 角配列のグレーティングローブチャートを**図 3.19** に示す。正方形配列の場合のグレーティングローブチャートは，図 3.17 において $\alpha=90$ 度，$D_x=D_y$ と

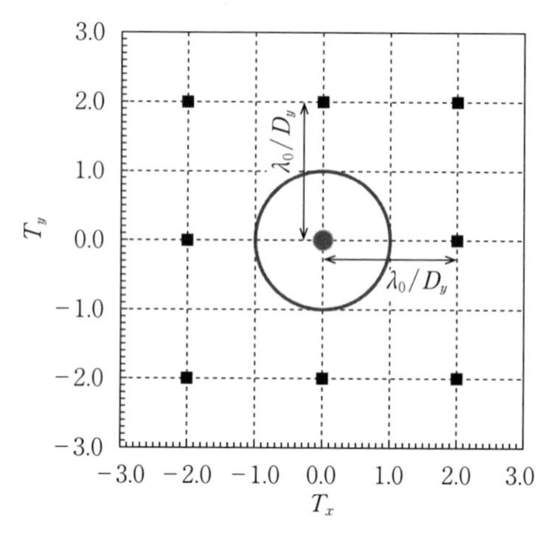


（a） 正方形配列

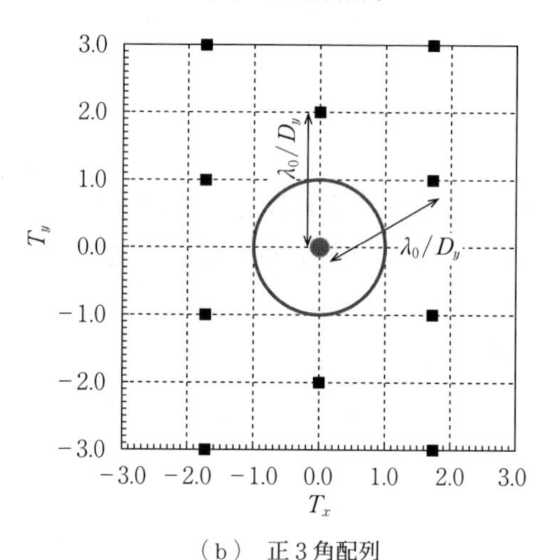


（b） 正3角配列

**図3.19**　正方形配列と正3角配列のグレーティングローブチャート

すれば求めることができる。一方，正3角配列の場合には，図3.17において $\alpha=60$ 度，$D_x=D_y\times2/\sqrt{3}$ とすれば求めることができる。

図3.19の（a）と（b）において $D_y$ が等しければ，メインビームと隣接するグレーティングローブまでの距離が等しくなり，グレーティングローブが可視領域に入るビーム走査角も等しくなる。すなわち，両者のグレーティングロー

ブ発生条件は同一である。このときの素子占有面積は，正方形配列の場合には式 (3.63) で求めることができる。

$$A_e = D_x D_y = D_y^2 \tag{3.63}$$

一方，正 3 角配列の場合には式 (3.64) で求めることができる。

$$A_e = D_x D_y = \frac{2}{\sqrt{3}} D_y^2 \tag{3.64}$$

式 (3.63) と式 (3.64) より，グレーティングローブ発生条件が同一であっても，正 3 角配列の素子占有面積は，正方形配列の素子占有面積よりも大きくなることがわかる。すなわち，グレーティングローブ発生条件と素子数が同じであれば，正 3 角配列のほうが正方形配列と比べて開口面積，すなわち指向性利得が大きくなる。別のいい方をすると，アレーアンテナの利得，すなわち開口面積が決まっていれば，正 3 角配列のほうが正方形配列と比べて素子数を少なくすることができる。素子ごとに増幅器や移相器が設けられるアクティブフェーズドアレーでは素子数が製造コストに直結するため，素子数の削減は低コスト化に大きく寄与する。このため，多素子のレーダ用アクティブフェーズドアレーにおいては，正 3 角配列が用いられることが多い。

## 3.2 受　信　雑　音

### 3.2.1 受信系雑音源の概要

ここでは，回線設計で考慮する受信系熱雑音について解説する。アンテナから受信機までの受信系構成概略図を**図 3.20** に示す。実際の受信系には，低雑音増幅器の後段に周波数変換部やフィルタなども含まれるが，これらの寄与は受信機の雑音指数としてまとめて考慮するものとする。

この受信系における雑音発生源としては，アンテナが外部から受信する外来雑音，アンテナ内部および給電回路での損失によって発生する熱雑音，増幅器や受信機で発生する雑音がある。雑音の平均電力 $N$〔W〕は，式 (3.65) のような絶対温度〔K〕で表される。

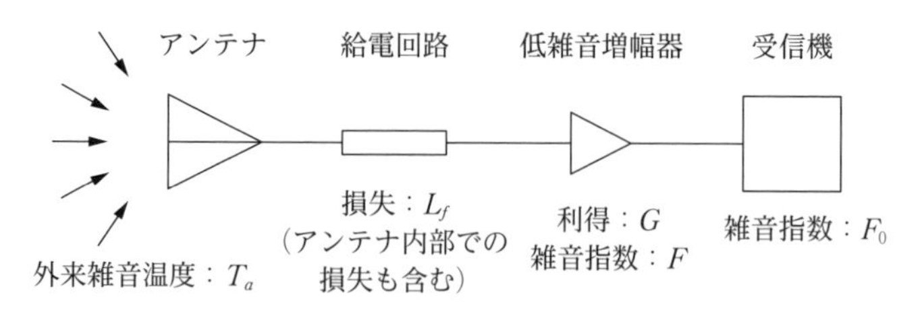


**図 3.20**　アンテナから受信機までの受信系構成概略図（周囲温度：$T_0$，受信機周波数帯域幅：$B$）

$$N = kT_sB \tag{3.65}$$

ここに，$k$ はボルツマン定数（$=1.38\times10^{-23}$ J/K），$B$ は受信機の周波数帯域幅〔Hz〕である。$T_s$ は受信系全系を考慮した雑音電力を絶対温度で表した物理量であり，システム雑音温度と呼ばれる。

以下では，システム雑音温度の導出を行う。なお，図 3.20 に示した周囲温度 $T_0$ は，常温である 290 K 程度とするのが一般的である。

### 3.2.2　外来雑音電力（アンテナ受信雑音電力）

外来雑音はアンテナ受信雑音とも呼ばれ，文字どおりアンテナが周囲環境から受信する雑音である。おもな要因としては，宇宙背景雑音，雷などの空雷雑音，地面などの背景雑音，大気吸収による伝搬損失に伴う熱雑音，電子機器などが発するさまざまな雑音がある。レーダがよく使われるマイクロ波帯で考慮すべき外来雑音は，宇宙背景雑音，地面などの背景雑音，大気吸収による伝搬損失に伴う熱雑音である。このうち，大気吸収による熱雑音は，後述の給電回路の損失により発生する熱雑音と同じ考え方で考慮することができるので，ここでは宇宙背景雑音と地面などの背景雑音による外来雑音を考える。

宇宙背景雑音と地面などの背景雑音による外来雑音については，アンテナが受信する雑音を同じ電力を生じる等価的な黒体放射とみなして，雑音温度が定義される。黒体放射とは，黒体と呼ばれる入射電磁波をすべて吸収する仮想的な物質が放射する電磁波のことである。黒体は，物質温度 $T$〔K〕で熱平衡状態にあるとき，その温度 $T$ に応じた電力の電磁波を放射し，その放射電力はプランクの法則により求めることができる。すなわち，単位周波数当りの黒体からの放射輝度$L_e$，つまり単位面積かつ単位立体角当りの放射電力〔W•m$^{-2}$•sr$^{-1}$•Hz$^{-1}$〕は式 (3.66) で求められる[23)]。

$$L_e=\frac{2}{c^2}\frac{hf}{e^{hf/kT}-1}f^2 \tag{3.66}$$

ここに，$h$はプランク定数（$=6.63\times10^{-34}$ J•s），$k$はボルツマン定数（$=1.38\times10^{-23}$ J/K），$T$は黒体の温度〔K〕，$f$は周波数〔Hz〕，$c$は光速〔m/s〕である。

マイクロ波帯などの低周波では$hf/kT\ll1$なので，式 (3.66) は式 (3.67) のように近似でき，レイリー・ジーンズの法則に帰着する。

$$L_e\approx\frac{2}{c^2}\frac{hf}{1+hf/kT-1}f^2=\frac{2kT}{\lambda_0{}^2} \tag{3.67}$$

すなわち，マイクロ波帯などの低周波では，黒体の放射輝度は，その物質温度に比例する。

アンテナが受信する背景雑音は，背景にある物質が放射する電磁波である。その放射電力が温度$T_B$の黒体放射に等しいとき，$T_B$をその物質の輝度温度と呼ぶ。一般的に，輝度温度$T_B$はその物質の温度$T$以下であり，物質の材料定数，周波数，偏波，入射角によって変わるが，回線設計では$T_B\fallingdotseq T$とみなして設計を行う。したがって，**図 3.21** に示すように，背景物質が温度

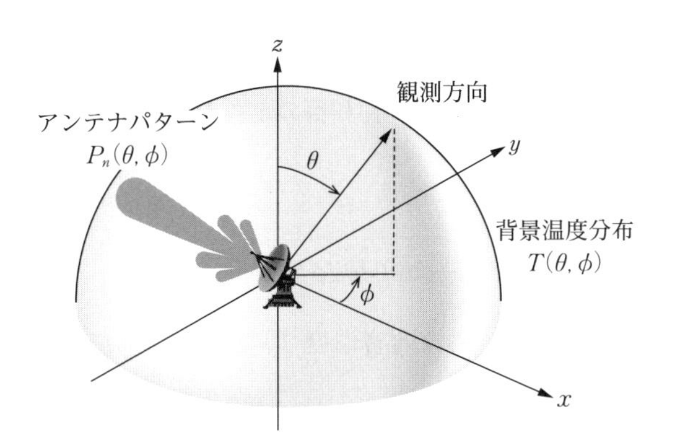


**図 3.21** 背景温度の分布とアンテナパターン

$T(\theta, \phi)$ で空間的に分布しているとすれば，開口面積 $A_r$〔$\mathrm{m}^2$〕を有する単一偏波のアンテナで受信される電力 $N_a$〔W〕は式 (3.68) で求めることができる[24)]。

$$N_a=\frac{A_rB}{2}\int_0^{2\pi}\int_0^{\pi}L_f(\theta, \phi)P_n(\theta, \phi)\sin\theta d\theta d\phi$$

$$=\frac{A_rkB}{\lambda_0{}^2}\int_0^{2\pi}\int_0^{\pi}T(\theta, \phi)P_n(\theta, \phi)\sin\theta d\theta d\phi \tag{3.68}$$

ここに，右辺第1行目の 1/2 は単一偏波で受信することを表し，$B$ は受信機の周波数帯域幅〔Hz〕，$P_n(\theta, f)$ は最大値で規格化したアンテナパターン（電力パターン）である。

外来雑音温度 $T_a$〔K〕は，式 (3.68) で与えられる外来雑音電力を絶対温度に換算した物理量である。したがって，開口効率 100%のアンテナ利得 $G_r$ が式 (2.2) で与えられることを考えると，外来雑音温度 $T_a$ は，式 (3.68) より式 (3.69) のようになる。

$$T_a=\frac{N_a}{kB}$$

$$=\frac{A_r}{\lambda_0{}^2}\int_0^{2\pi}\int_0^{\pi}T(\theta, \phi)P_n(\theta, \phi)\sin\theta d\theta d\phi$$

$$=\frac{1}{4\pi}\frac{4\pi A_r}{\lambda_0{}^2}\int_0^{2\pi}\int_0^{\pi}T(\theta, \phi)P_n(\theta, \phi)\sin\theta d\theta d\phi$$

$$=\frac{G_r}{4\pi}\int_0^{2\pi}\int_0^{\pi}T(\theta, \phi)P_n(\theta, \phi)\sin\theta d\theta d\phi \tag{3.69}$$

一方，アンテナ利得 $G_r$ は，指向性利得の定義から式 (3.70) でも求めることができる。

$$G_r=\frac{1}{\dfrac{1}{4\pi}\displaystyle\int_0^{2\pi}\int_0^{\pi}P_n(\theta, \phi)\sin\theta d\theta d\phi} \tag{3.70}$$

式 (3.69)，(3.70) より，外来雑音温度 $T_a$ は式 (3.71) で求めることができる[24)]。

$$T_a = \frac{\int_0^{2\pi}\int_0^{\pi} T(\theta,\ \phi) P_n(\theta,\ \phi) \sin\theta d\theta d\phi}{\int_0^{2\pi}\int_0^{\pi} P_n(\theta,\ \phi) \sin\theta d\theta d\phi} \tag{3.71}$$

すなわち，外来雑音温度は，背景の温度分布とアンテナの放射指向性により決定される。

アンテナのメインビーム内の背景温度分布が $T_m$〔K〕で一定とし，メインビーム以外の背景温度分布は $T_m$ と同等もしくはそれ以下，かつその方向のアンテナ利得が十分小さいとすれば，式(3.71)は式(3.72)のように近似できる。

$$\begin{aligned} T_a &= \frac{\int_0^{2\pi}\int_0^{\pi} T(\theta,\ \phi) P_n(\theta,\ \phi) \sin\theta d\theta d\phi}{\int_0^{2\pi}\int_0^{\pi} P_n(\theta,\ \phi) \sin\theta d\theta d\phi} \\ &\approx \frac{\int_{\text{main beam}} T_m P_n(\theta,\ \phi) \sin\theta d\theta d\phi}{\int_{\text{main beam}} P_n(\theta,\ \phi) \sin\theta d\theta d\phi} \\ &= T_m \end{aligned} \tag{3.72}$$

すなわち，この場合，外来雑音温度はメインビーム内の背景温度でおおむね決定されることになる。メインビームが地面を指向している場合がこのような場合に該当し，外来雑音温度は地面の温度として 290 K 程度とみなすことができる。例えば，衛星通信の衛星搭載の受信アンテナの外来雑音温度はおおむね 290 K 程度の値が用いられている[13)]。その他の地上の通信やレーダでも，外来雑音温度は周囲温度と同じ 290 K 程度とみなされることが多い。

一方，メインビームが天空方向を指向している場合には，外来雑音温度は宇宙背景雑音温度とみなすことができる。宇宙背景雑音温度はマイクロ波帯では 100 K 以下であることが知られており[15)]，衛星通信地球局の受信アンテナの外来雑音温度は 100 K 以下の値が使われている[13)]。ただし，サイドローブが高いなどの理由により地面からの雑音の寄与が無視できない場合には，式(3.71)により外来雑音温度を求める必要がある。

### 3.2.3　低雑音増幅器で発生する雑音電力

増幅器では，熱雑音，ショット雑音，フリッカ雑音など，さまざまな雑音が発生する。回線設計上は，これらすべての雑音電力発生量の指標である雑音指数が重要になる。**図 3.22** に示す増幅器の入出力を考えると，雑音指数 $F$ は式 (3.73) で定義される[25]。

$$F=\frac{\text{増幅器入力端での SNR}}{\text{増幅器出力端での SNR}}=\frac{S_{\text{in}}N_{\text{out}}}{S_{\text{out}}N_{\text{in}}} \tag{3.73}$$

ここに，$S_{\text{in}}$，$S_{\text{out}}$ はそれぞれ増幅器入力端での所望信号電力〔W〕，増幅器出力端での所望信号電力〔W〕である。$N_{\text{in}}$，$N_{\text{out}}$ はそれぞれぞ増幅器入力端での雑音電力（平均値）〔W〕，増幅器出力端での雑音電力（平均値）〔W〕である。

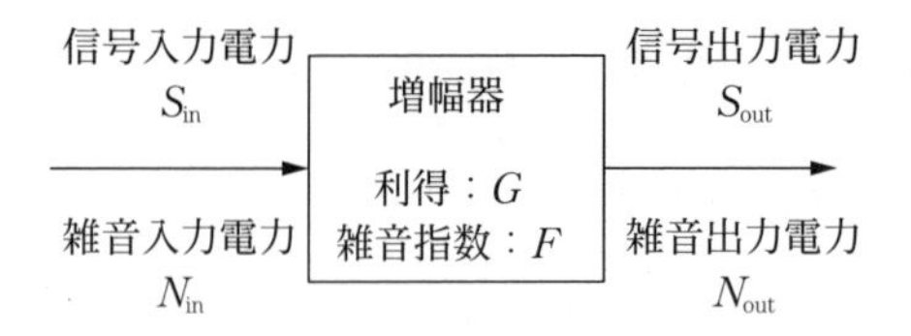


**図 3.22**　低雑音増幅器の入出力

$N_{\text{in}}$ は入力端を無反射終端したときの雑音電力であり，周囲温度を $T_0$〔K〕，受信機の周波数帯域幅を $B$〔Hz〕としたとき，式 (3.74) で与えられる[26),27]。

$$N_{\text{in}}=kT_0B \tag{3.74}$$

また，増幅器入出力端での所望信号電力には以下の関係がある。

$$S_{\text{out}}=GS_{\text{in}} \tag{3.75}$$

ここに，$G$ は増幅器の利得である。

式 (3.73)，(3.75) より増幅器出力端での雑音電力 $N_{\text{out}}$ は式 (3.76) で求められる。

$$N_{\text{out}}=GFN_{\text{in}} \tag{3.76}$$

以上により，増幅器で新たに発生する雑音電力 $N_{\text{LNA}}$〔W〕は式 (3.77) で求めることができる。

$$\begin{aligned}N_{\text{LNA}}&=N_{\text{out}}-GN_{\text{in}}\\&=GN_{\text{in}}(F-1)\end{aligned}$$

$$=GkT_0B(F-1) \tag{3.77}$$

同様にして，受信機の雑音指数を $F_0$ とすれば，$G=1$ として考えればよいので，受信機で発生する雑音電力 $N_{rx}$ は式 (3.78) で求められる。

$$N_{rx}=kT_0B(F_0-1) \tag{3.78}$$

### 3.2.4　損失のある給電回路で発生する雑音電力

給電回路（アンテナ内部を含む）の損失 $L_f$ は式 (3.79) で定義される。

$$L_f=\frac{\text{給電回路入力端での SNR}}{\text{給電回路出力端での SNR}}=\frac{S_{\mathrm{in}}N_{\mathrm{out}}}{S_{\mathrm{out}}N_{\mathrm{in}}} \tag{3.79}$$

また，給電回路入出力端での所望信号電力には以下の関係がある。

$$S_{\mathrm{out}}=\frac{1}{L_f}S_{\mathrm{in}} \tag{3.80}$$

以上により，損失のある給電回路は，増幅器の利得 $G$ を $1/L_f$ に，雑音指数 $F$ を $L_f$ に置き換えた回路に相当する。したがって，給電回路で新たに発生する雑音電力 $N_f$ は，式 (3.77) より式 (3.81) で求めることができる。

$$\begin{aligned}N_f&=kT_0B\frac{1}{L_f}(L_f-1)\\&=kT_0B\left(1-\frac{1}{L_f}\right)\end{aligned} \tag{3.81}$$

### 3.2.5　システム雑音温度

図 3.20 の受信系の各コンポーネントで発生する雑音には相関がないため，受信機で受信されるトータルの雑音電力 $N_{\mathrm{total}}$〔W〕はそれぞれの電力和となり，式 (3.82) のように求めることができる。

$$\begin{aligned}N_{\mathrm{total}}&=\frac{G}{L_f}N_a+GN_f+N_{\mathrm{LNA}}+N_{rx}\\&=\frac{GkT_aB}{L_f}+GkT_0B\left(1-\frac{1}{L_f}\right)+GkT_0B(F-1)+kT_0B(F_0-1)\end{aligned} \tag{3.82}$$

ここで，給電回路，あるいは低雑音増幅器よりも前段で発生する雑音（$N_a$，

$N_f$) に対しては，給電損失や増幅器の利得による電力の増減を考慮している。

回線設計上は式 (3.82) で与えられる雑音電力を，低雑音増幅器入力端での等価入力雑音に換算した値を使用するのが一般的である。式 (3.82) より等価入力雑音電力 $N_s$〔W〕は式 (3.83) となる。

$$\begin{aligned} N_s &= \frac{N_{\mathrm{total}}}{G} \\ &= kT_aB\frac{1}{L_f} + kT_0B\left(1-\frac{1}{L_f}\right) + kT_0B(F-1) + \frac{kT_0B(F_0-1)}{G} \end{aligned} \tag{3.83}$$

システム雑音温度 $T_s$〔K〕は等価入力雑音電力に相当する雑音温度であり，式 (3.84) で求められる。

$$\begin{aligned} T_s &= \frac{N_s}{kB} \\ &= \frac{T_a}{L_f} + T_0\left(1-\frac{1}{L_f}\right) + T_0(F-1) + \frac{T_0(F_0-1)}{G} \\ &\approx \frac{T_a}{L_f} + T_0\left(1-\frac{1}{L_f}\right) + T_0(F-1) \end{aligned} \tag{3.84}$$

式 (3.84) の 3 行目では，低雑音増幅器の利得 $G$ が十分大きいとして近似を行っている。これより，低雑音増幅器の利得が十分大きい場合には，増幅器よりも後段の影響が無視できることがわかる。

また，アンテナのメインビームが地面を指向している場合，すなわち外来雑音温度 $T_a$ が周囲温度 $T_0$ と同じとみなせる場合には，システム雑音温度は式 (3.85) となる。

$$T_s = T_0F \tag{3.85}$$

いくつかの教科書では，システム雑音温度を式 (3.85) で与えている。しかし，上述の導出から明らかなように，外来雑音温度 $T_a$ が周囲温度 $T_0$ と同じとみなせる場合にはじめて式 (3.85) の形でシステム雑音温度が与えられることに注意する必要がある。

なお，VHF 帯よりも低い周波数では，雷などの自然雑音や電子機器などによる人工雑音に起因する外来雑音，すなわち$T_a$が受信機内部の雑音よりも桁違いに大きくなることが知られている[28),29)]。このような場合には，給電回路の損失や受信機の雑音指数を低減しても，最終的なSNRに大きな影響がないので注意する必要がある[30)]。

## 3.3　レーダ断面積（RCS）

レーダ断面積（radar cross section：RCS）は，正式には式（3.86）で定義される。

$$\sigma=\lim_{R\to\infty}4\pi R^2\frac{|\boldsymbol{E}_{\mathrm{scat}}|^2}{|\boldsymbol{E}_{\mathrm{in}}|^2} \tag{3.86}$$

ここに，$\boldsymbol{E}_{\mathrm{in}}$は目標への入射電界（平面波），$\boldsymbol{E}_{\mathrm{scat}}$は散乱電界である。$4\pi R^2$は散乱体を中心とした距離（半径）$R$の球面積であり，散乱電界からこの球面を透過する散乱電力を算出するためにかけられている。なお，$R\to\infty$の極限をとっているため発散する印象を持つが，$4\pi R^2$は散乱電界の項に含まれる球面波の係数と打ち消すため発散することはない。

式（2.10）で示したように，RCSは基本的には入射波の電力密度〔W/m$^2$〕と反射波の電力〔W〕の比である。つまり，RCSは，面積の次元を有しているものの，目標による反射電力の大きさを表す物理量である。このため，目標の断面積（大きさ）が大きければRCSが大きくなることは予想されるが，波長に比べて十分大きい導体球などの特殊な例を除けば，RCSは必ずしも幾何光学的な意味での目標の断面積ではない。すなわち，RCSは，目標の大きさだけでなく，目標の形状や材質，目標への電磁波の入射角，周波数によっても変わる。このことを理解するために，**図3.23**に示す波長に比べて十分大きい平板導体のRCSを解説する。

波長に比べて十分大きい平板導体の散乱特性（反射特性）は，高周波近似解法の一つである物理光学法（physical optics：PO）により求めることができる[2)]。POは波長に比べて十分大きい散乱体による散乱波解析に有効な手法で

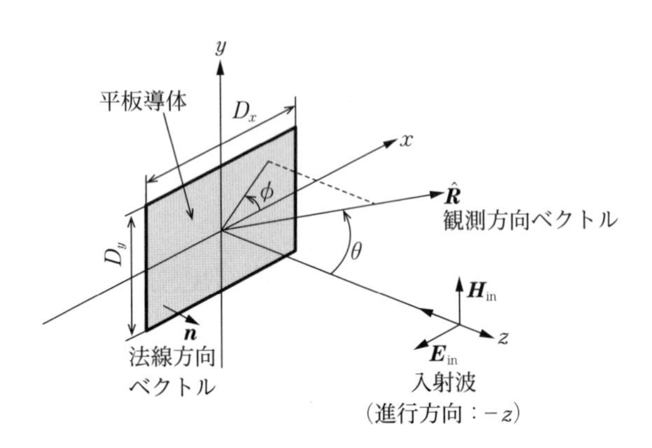


**図 3.23**　平板導体の RCS 解析

あり，例えば反射鏡アンテナの放射特性解析にも用いられている（反射鏡アンテナの解析では電流分布法とも呼ばれる）[18]。

PO によれば，平板導体への入射磁界を $\boldsymbol{H}_{\mathrm{in}}$ としたとき遠方界距離 $R$ における散乱電界 $\boldsymbol{E}_{\mathrm{scat}}$ は式 (3.87) で求められる[18]。

$$\boldsymbol{E}_{\mathrm{scat}}=-\frac{j\omega\mu_0}{4\pi R}e^{-jk_0R}\int_S(2\boldsymbol{n}\times\boldsymbol{H}_{\mathrm{in}})e^{jk_0\hat{\boldsymbol{R}}\cdot\boldsymbol{r}}d\boldsymbol{r} \tag{3.87}$$

ここに，$\omega$ は角周波数 $(=2\pi f_0)$〔rad/s〕，$\mu_0$ は自由空間中の透磁率 $(=4\pi\times10^{-7}\,\mathrm{H/m})$，$k_0$ は自由空間中の波数〔1/m〕，$\boldsymbol{n}$ は導体面の法線方向ベクトル，$S$ は導体面，$\hat{\boldsymbol{R}}$ は散乱波の観測方向ベクトル，$\boldsymbol{r}$ は導体面上の位置ベクトルを表す。

図 3.23 に示した座標系で式 (3.87) を計算すると，式 (3.11) と同様に式 (3.88) を得る。

$$\boldsymbol{E}_{\mathrm{scat}}=-\frac{j\omega\mu_0}{2\pi R}e^{-jk_0R}D_xD_y(\boldsymbol{n}\times\boldsymbol{H}_{\mathrm{in}})\,\mathrm{sinc}\left(\frac{k_0D_x\sin\theta\cos\phi}{2}\right)\mathrm{sinc}\left(\frac{k_0D_y\sin\theta\sin\phi}{2}\right) \tag{3.88}$$

ここに，sinc(−) は式 (3.12) で与えられる関数である。

また，入射波は平面波であるので，入射波の電界と磁界には以下の関係がある[17]。

$$|\boldsymbol{E}_{\mathrm{in}}|=\sqrt{\frac{\mu_0}{\varepsilon_0}}|\boldsymbol{H}_{\mathrm{in}}| \tag{3.89}$$

ここに，$\varepsilon_0$ は自由空間中の誘電率（$=8.85\times10^{-12}$ F/m）である。

また，自由空間中の誘電率 $\varepsilon_0$ と透磁率 $\mu_0$ は，光速 $c$ と以下の関係が成り立つ。

$$c=\frac{1}{\sqrt{\varepsilon_0\mu_0}} \tag{3.90}$$

以上により，散乱電界の大きさは式（3.91）となる。

$$|\boldsymbol{E}_{\mathrm{scat}}|=\frac{D_xD_y}{\lambda_0R}|\boldsymbol{E}_{\mathrm{in}}|\left|\mathrm{sinc}\left(\frac{k_0D_x\sin\theta\cos\phi}{2}\right)\right|\left|\mathrm{sinc}\left(\frac{k_0D_y\sin\theta\sin\phi}{2}\right)\right| \tag{3.91}$$

散乱波の観測方向を $\theta=0$ 度方向，すなわち入射方向と同一とすれば，RCS は式（3.86）より式（3.92）で求められる。

$$\sigma=D_xD_y\times\frac{4\pi D_xD_y}{\lambda_0{}^2} \tag{3.92}$$

式（3.92）の右辺前半部分は平板導体の断面積を表しており，後半部分は平板導体を方形開口一様分布のアンテナと見立てたときのアンテナ利得に相当する（3.1.3 項参照）。このことから，平板導体の RCS は以下の二つの効果により決定されると解釈できる。一つめは，断面積とともに反射電力そのものが大きくなる効果である。二つめは，アンテナ開口面積が大きくなることによりアンテナの指向性が高くなるのと同様に，断面積が大きくなることで散乱波の指向性が高くなり反射電力が一つの方向に集中する効果である。ただし，上述二つめの効果は，波長，すなわち周波数によって変わることに注意する必要がある。

以上のことから，RCS は単純な目標断面積では決まらないことが理解できる。なお，この例では，周波数が高くなるにつれ RCS が大きくなることがわかるが，すべての散乱体がそうであるとは限らないので注意が必要である。

レーダのシステム設計では，想定目標の RCS の大きさを事前に決めたうえで回線設計を行う。多くの文献で，**表 3.1** のような形でデータが示されており[1)]，これを一つの目安として利用することもできる。より正確に RCS を把握したい場合には，対象物体の RCS を実測あるいは解析などにより求めるこ

**表 3.1**　マイクロ波帯での典型的目標の RCS[1)]

| 目標の種類 | RCS〔$m^2$〕 |
|---|---|
| 小型ジェット機 | 2 |
| 中型ジェット機 | 20 |
| 大型ジェット機 | 40 |
| ジャンボ機 | 100 |
| ヘリコプター | 3 |
| プレジャーボート | 2 |
| クルーザー | 10 |
| 自動車 | 100 |
| トラック | 200 |
| 自転車 | 2 |
| 人 | 1 |
| 鳥 | $10^{-3}$～$10^{-2}$ |
| 虫 | $10^{-4}$～$10^{-5}$ |

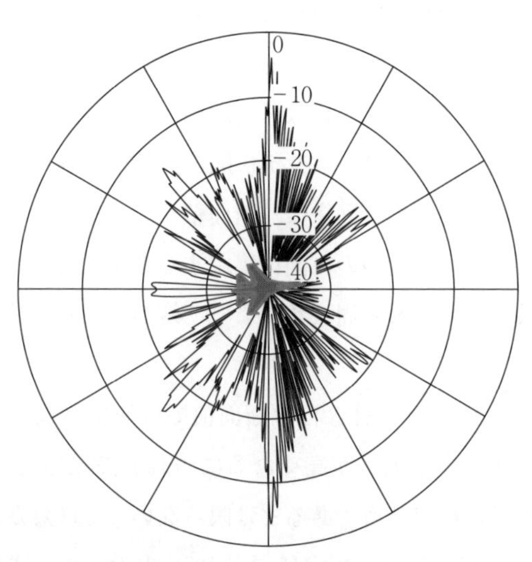


**図 3.24**　航空機目標（1/20 スケール）の RCS 解析例[31)]

とも行われる。例えば，**図 3.24** に航空機目標の RCS を解析した例を示す[31]。この RCS 解析例は，航空機の 1/20 スケールモデルを用いてモーメント法により解析した結果であり，各方向からの入射波に対する RCS の大きさを極座標表記している。数字の単位は dBsm であり，面積 $m^2$ を dB 表記（$10\log_{10}$ 面積）したものである。このように，実目標の RCS は入射波の方向により大きさがかなり異なるため，回線設計では平均値あるいは中央値が用いられることが多い。

# 4. 変 復 調 方 式

無線通信，レーダともに，連続した搬送波をそのまま用いることは稀であり，搬送波の振幅，位相，あるいは周波数を変化させる。このような搬送波を変化させることは変調と呼ばれる。

無線通信において変調とは，送りたい情報を搬送波に“乗せる”ことであり，いかに効率的に情報を乗せるか，あるいは高品質に情報を乗せるかが重要になる。ここで，乗せたい情報とは，ディジタル変調であれば，0 or 1 のビット情報である。

一方，レーダにおける変調は，情報を搬送波に乗せることではなく，レーダが照射した目標の情報をとり出すための手段である。このため，目標の情報をいかに精度よくとり出せるかが重要となる。ここで，目標の情報とは，主として 1.3 節で述べたレーダと目標までの距離（遅延時間）と目標の移動速度（ドップラー周波数）である。

本章では，振幅変調，位相変調，周波数変調の一般的な解説から始め，無線通信のディジタル変調方式を概観したのち，レーダの変調方式について解説する。

## 4.1 変調波の表現式とアナログ変調

### 4.1.1 変調波の表現式

変調波は，搬送波周波数 $f_c$ の搬送波を振幅および位相を時間的に変化させたものであり，式 (4.1) のように表すことができる。

$$x(t) = a(t)\cos\{2\pi f_c t + \theta(t) + \phi\} \tag{4.1}$$

ここに，$t$ は時間であり，$a(t)$ は振幅（包絡線），$\theta(t)$ は位相，$\phi$ は初期位相である。

$\phi=0$ としても一般性を失わず，式 (4.1) は式 (4.2) のような複素数を用いて表すことができる。

$$x(t)=\mathrm{Re}[a(t)e^{j\{2\pi f_c t+\theta(t)\}}] \tag{4.2}$$

信号処理を行ううえでは複素数で扱ったほうが便利であるため，以下では式 (4.3) のような複素数表現を用いて解説する。

$$y_{RF}(t)=a(t)e^{j\{2\pi f_c t+\theta(t)\}} \tag{4.3}$$

ただし，信号処理を解説する場合には，搬送波周波数の項を除いたベースバンド信号として扱ったほうが表記が簡単になることもあり，その場合には式 (4.4) の表記を用いる。

$$y(t)=a(t)e^{j\theta(t)} \tag{4.4}$$

式 (4.3) の表記はいわゆる帯域系，式 (4.4) の表記はいわゆる等価ベースバンド系と呼ばれる。

以下では，基本的には等価ベースバンド系を用いて解説を行うが，帯域系表現を用いたほうが理解しやすい場合には，RF の下付き文字で表記するものとする。

### 4.1.2　振　幅　変　調

振幅変調は振幅 $a(t)$ のみを変化させる変調方式である。無線通信では，短波通信，アマチュア無線で用いられている。AM ラジオも振幅変調である。しかし，レーダでは，振幅変調は一般的には用いられない[†1]。その理由は，振幅変調は平均電力が低くなるため，2.5 節での解説により，探知距離の点で不利になるためである。

つぎに，例えば振幅 $a(t)$ を，以下のように変調周波数 $f_m$ で余弦的に変調する場合を考える。

$$a(t)=A_0\{1+C\cos(2\pi f_m t)\} \tag{4.5}$$

ここに，$A_0$，$C$ は定数である。

---

†1　一定時間のみ信号を送信するパルス変調方式については，振幅変調の一種と解釈することもできる。ここでは，信号送信時間内での振幅変調はしないことを意味している。

式 (4.5) を式 (4.3) に代入すると，このときの変調波は式 (4.6) のようになる。

$$y_{RF}(t)=A_0\{1+C\cos(2\pi f_m t)\}e^{j2\pi f_c t} \tag{4.6}$$

式 (4.6) をフーリエ変換すると式 (4.7) を得る。

$$\begin{aligned}Y_{RF}(f)&=\int_{-\infty}^{\infty}A_0\{1+C\cos(2\pi f_m t)\}e^{j2\pi f_c t}e^{-j2\pi ft}dt\\&=A_0\delta(f-f_c)+\frac{A_0C}{2}\delta(f-f_c-f_m)+\frac{A_0C}{2}\delta(f-f_c+f_m)\end{aligned} \tag{4.7}$$

ここに，$f$ は周波数，$\delta(-)$ はデルタ関数である。

式 (4.7) を**図 4.1** に示す。これより，この振幅変調によれば，搬送波周波数 $f_c$ の成分に加えて，$f_c \pm f_m$ の成分が発生することがわかる。このことは，振幅変調の場合，一般的に搬送波周波数を中心として変調周波数の 2 倍の占有帯域幅が必要なことを意味している。

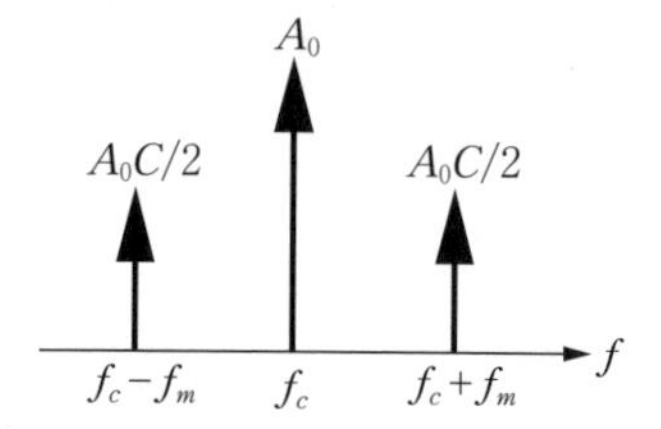


**図 4.1**　振幅変調波の周波数スペクトル

なお，4.4 節で述べる一定期間中のみ信号を送信するパルス変調方式を振幅変調の一種と解釈すると，振幅 $a(t)$ は以下のような矩形関数となる。

$$a\left(\frac{t}{\tau}\right)=\begin{cases}1 & (0\leq t\leq\tau)\\0 & (\text{otherwise})\end{cases} \tag{4.8}$$

矩形関数はフーリエ級数展開により三角関数の級数和で表すことができることを考えると，上述の解説により搬送波周波数を中心とした両側に周波数成分を有することがわかる。ただし，矩形関数は式 (4.5) のような単一の周波数成分のみを持つのではなく，無限の高調波成分を有する。このため，パルス変調方式の周波数スペクトルは搬送波周波数を中心に無限の周波数帯域を有する。パルス変調方式の周波数スペクトルの詳細は 4.4.4 項にて述べる。

### 4.1.3　位相変調・周波数変調

位相変調は，位相 $\theta(t)$ のみを変化させる変調方式である。位相の時間微分が角周波数であることを考えると，周波数変調を位相変調とみなすこともできる。具体的には，周波数の時間変化を $f(t)$ で表すと，位相 $\theta(t)$ と以下の関係がある。

$$f(t)=\frac{1}{2\pi}\frac{d\theta(t)}{dt} \tag{4.9}$$

すなわち，位相変調の変調信号の時間微分が周波数変調の変調信号である。逆に，周波数変調の変調信号を積分すれば，位相変調の変調信号を得ることができる。周波数変調は，無線通信では船舶無線やアマチュア無線で用いられている。FM ラジオも周波数変調である。また，周波数を時間とともに線形に変化させる周波数変調は，いわゆるチャープと呼ばれ，レーダで最もよく用いられている変調方式の一つである。

つぎに，例えば位相 $\theta(t)$ を，以下のように変調周波数 $f_m$ で正弦的に変調する場合を考える。

$$\theta(t)=C\sin(2\pi f_m t) \tag{4.10}$$

ここに，$C$ は定数であり，変調指数と呼ばれる物理量である。これを周波数変調とみなしたときには，周波数の変化は式 (4.11) となる。

$$\begin{aligned} f(t)&=Cf_m\cos(2\pi f_m t)\\ &\equiv \Delta f\cos(2\pi f_m t) \end{aligned} \tag{4.11}$$

ここで，$\Delta f$ は式 (4.12) で定義し，$2\Delta f$ が周波数変調帯域幅となる。

$$\Delta f\equiv Cf_m \tag{4.12}$$

式 (4.10) を式 (4.3) に代入すると，このときの変調波は式 (4.13) のようになる。

$$y_{RF}(t)=A_0e^{j\{2\pi f_C t+C\sin(2\pi f_m t)\}} \tag{4.13}$$

式 (4.13) をフーリエ変換すると式 (4.14) を得る。

$$Y_{RF}(f)=\int_{-\infty}^{\infty}A_0e^{j\{2\pi f_C t+C\sin(2\pi f_m t)\}}e^{-j2\pi ft}dt \tag{4.14}$$

式 (4.14) において，式 (4.15) の関係式を用いる。

$$e^{jC\sin(2\pi f_m t)}=\sum_{n=-\infty}^{\infty}J_n(C)e^{j2\pi nf_m t} \tag{4.15}$$

ここに，$J_n(-)$ は $n$ 次のベッセル関数である。

これより，式 (4.14) は以下のようになる。

$$\begin{aligned}Y_{RF}(f)&=\int_{-\infty}^{\infty}A_0\sum_{n=-\infty}^{\infty}J_n(C)e^{-j2\pi(f-f_C-nf_m)t}dt\\&=A_0\sum_{n=-\infty}^{\infty}J_n(C)\delta(f-f_c-nf_m)\end{aligned} \tag{4.16}$$

式 (4.16) を**図 4.2** に示す。これより，この位相変調によれば，搬送波周波数 $f_c$ の成分に加えて，$f_c\pm nf_m$ ($n=1, 2, \ldots$) の成分が発生し，その周波数帯域幅は理論的には無限大である。搬送波および各側波帯の振幅は $J_n(C)$ であり，次数 $n$ と変調指数 $C$ により変化する。

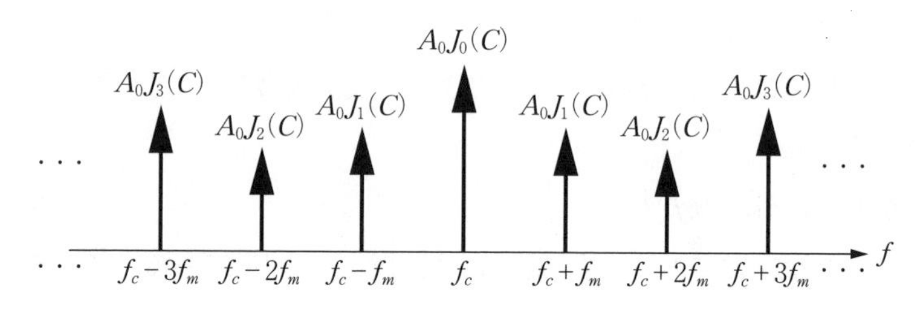


**図 4.2** 位相変調波の周波数スペクトル

変調指数が小さいとき，すなわち狭帯域な位相変調あるいは周波数変調の場合を考える。このとき，$C\ll1$ であるので，各側波帯の振幅には以下の近似が成り立つ。

$$J_n(C)\approx\frac{1}{n!}\left(\frac{C}{2}\right)^n \quad (n>1) \tag{4.17}$$

これより，$n>2$ の項の寄与は小さくなり無視することができる。したがって，この場合，振幅変調と同じく，占有帯域幅は $f_c\pm f_m$ とみなすことができる[32)]。また，$f_c\pm f_m$ における振幅値も振幅変調と同じとなることがわかる。4.6 節で述べるレーダにおける符号位相変調パルス方式は，変調指数 $C$ が小さい条件に相当していると理解することができ，その占有帯域幅は $f_c\pm f_m$ とみなすことができる。符号位相変調パルスの周波数スペクトルの詳細は4.6.2項で述べる。

変調指数$C$が大きい場合，すなわち広帯域な位相変調あるいは周波数変調の場合の占有帯域幅は$\pm(\Delta f+f_m)$となることが経験的に知られている[33]。これはカーソンの経験則と呼ばれる。さらに，周波数変調帯域幅$\Delta f$が変調周波数$f_m$と比べて十分大きい場合には，占有帯域幅は$\pm\Delta f$となる。4.5節で述べるレーダにおける線形周波数変調パルス方式はこの条件に相当し，周波数変調帯域幅を占有帯域幅とみなすことができる。線形周波数変調パルスの周波数スペクトルの詳細は4.5.2項で述べる。

## 4.2　無線通信におけるディジタル変調

ディジタル変調とは，2値あるいは多値の通信シンボルに対して，搬送波の振幅，位相，周波数を離散的に変化させる変調方式である。振幅，位相，周波数を変化させる変調方式は，それぞれディジタル振幅変調（amplitude shift keying：ASK），ディジタル位相変調（phase shift keying：PSK），ディジタル周波数変調（frequency shift keying：FSK）と呼ばれる。振幅と位相の両方を変化させる方式もあり，その代表的なものとして直交振幅変調（quadrature amplitude modulation：QAM）がある。ここでは，5章の解説で必要なPSKについて簡単に述べる。

一度に$k$ビットの情報を送るためには，$M=2^k$個のシンボルが必要である。PSKでは，$M$個のシンボルを複素平面上で振幅包絡線を一定とし等位相間隔で配置する。したがって，変調波は式（4.18）で表すことができる[34]。

$$\begin{aligned} y_{RF}(t) &= A_0 e^{j\{2\pi f_C t+2\pi(m-1)/M\}} \\ &= A_0\left[\cos\left\{\frac{2\pi}{M}(m-1)\right\}+j\sin\left\{\frac{2\pi}{M}(m-1)\right\}\right]e^{j2\pi f_C t} \end{aligned} \tag{4.18}$$

$M=2$（$k=1$，binary PSK：BPSK），4（$k=2$，quadrature PSK：QPSK），8（$k=3$，8相PSK）の場合のシンボル配置（コンステレーション）を**図4.3**に示

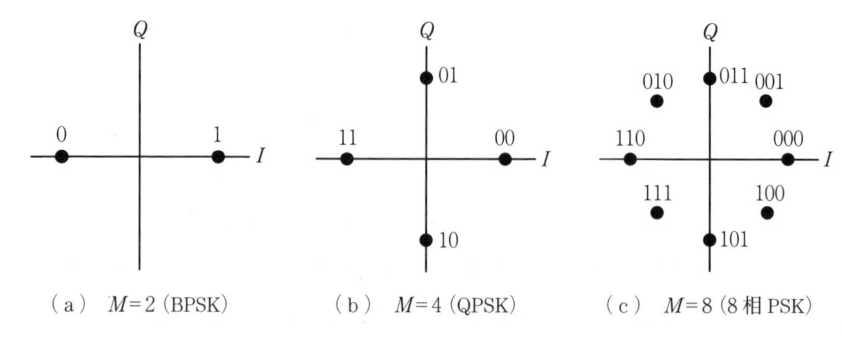


（a） $M=2$ (BPSK)　（b） $M=4$ (QPSK)　（c） $M=8$ (8 相 PSK)

**図 4.3**　ディジタル位相変調のシンボル配置

す[†2]。各シンボルへのビット割り当ては任意であるが，通常はグレイ符号により割り当てられ，図 4.3 に示すように，隣接シンボルとの違いは 1 ビットのみとなる。これにより，隣接シンボルとの誤りが 1 ビットのみの誤りとなる。

式 (4.18) より，シンボル $m$ ($m=1, 2, \ldots, M$) とシンボル $n$ ($n=1, 2, \ldots, M, n \neq m$) とのユークリッド距離は式 (4.19) となる。

$$d_{mn}=\sqrt{2A_0{}^2\left[1-\cos\left\{\frac{2\pi}{M}(m-n)\right\}\right]} \tag{4.19}$$

これより，最少距離は $|m-n|=1$ のときであり，式 (4.20) で求められる。

$$\begin{aligned} d_{\min}&=\sqrt{2A_0{}^2\left[1-\cos\frac{2\pi}{M}\right]} \\ &=2A_0\sin\frac{\pi}{M} \end{aligned} \tag{4.20}$$

## 4.3　レーダの変調方式概要

レーダで使われる変調方式を**図 4.4** に示す[4)]。大きく連続波方式とパルス方式に分けることができるが，車載レーダなどの一部のアプリケーションを除き，分解能などの性能が優れるパルス方式が用いられることが多い。また，いずれの場合も，4.1.2 項で述べたように，高い SNR を確保するため振幅変調

†2　QPSK では，位相を $\pi/4$ 回転させたコンスタレーションで記載されるのが一般的であるが，ここでは統一的に扱うために，あえて図 4.3 のように記述している[34)]。

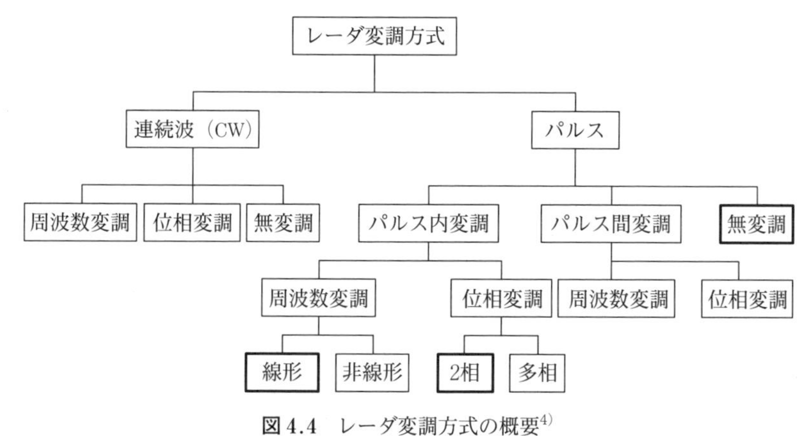


**図 4.4**　レーダ変調方式の概要[4)]

は用いられず，周波数変調あるいは位相変調が用いられることが多い。

なお，図 4.4 で示した変調方式は，レーダにおける伝統的な変調方式であるが，近年ではレーダと無線通信の融合を目的として，無線通信の変調方式や伝送方式に由来する方式も研究されている。これらは大きく二つの方式に分けることができる。一つはスペクトル拡散変調方式によるもの[35)〜37)]，直交周波数分割多重方式（orthogonal frequency-division multiplexing：OFDM）に代表されるマルチキャリヤ伝送方式によるもの[38)〜41)]が提案されている。いずれも静止目標，あるいは車両などの低速移動目標を対象とした研究であり，高速移動目標への対処は研究途上といえる。

本書では，図 4.4 に記載した方式のうち，太線で囲まれた方式として，最も基本的なパルス変調方式，線形周波数変調（linear frequency modulation：LFM）パルス方式，符号位相変調パルス方式を解説する。

## 4.4 レーダの変調方式（1）：パルス変調方式

### 4.4.1 送信波形と受信データ列

パルス変調方式は，搬送波をパルス状にして送信する方式である。無線通信と異なり，レーダでは 1 回の送信信号のみで目標検出することは稀であり，複数のパルスを送信して目標検出を行う。複数パルスを用いて目標検出を行う理由は，信号を積分することで信号対雑音電力比を改善すること，目標反射波のドップラー周波数を測定するためである。ドップラー周波数の測定の詳細については4.4.9項で述べる。

**図4.5**にパルス変調方式の送信波形を再掲する。パルスの持続時間 $\tau$〔s〕はパルス幅と呼ばれ，パルスの送信間隔はパルス繰り返し周期（pulse repetition interval：PRI）と呼ばれる。PRIの逆数はパルス繰り返し周波数（pulse repetition frequency：PRF）と呼ばれる。$M$ 個のパルス信号列を用いて目標検出を行うことを想定すると，$M$ パルス分の全観測時間は，coherent processing interval（CPI）あるいはdwell timeと呼ばれる。ここでは，これを $T_d$〔s〕で表す（図4.5の例では，4パルス分を一つのCPIとしている）。

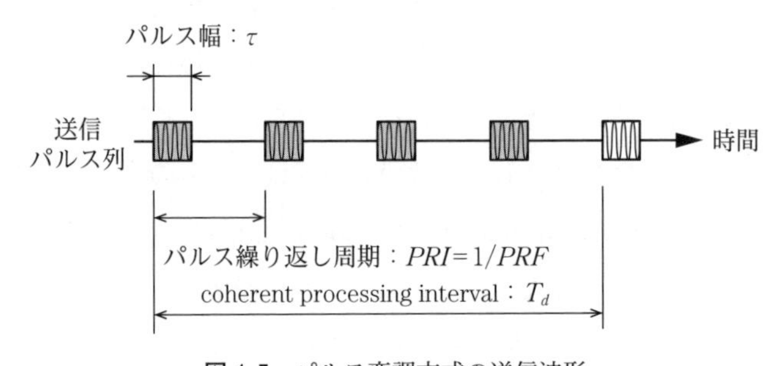


**図4.5**　パルス変調方式の送信波形

図4.5のような複数パルスを送信し，往復遅延時間 $T$〔s〕の位置にある孤立目標により反射された信号を受信する場合を考える。まず，送信パルス列を帯域系の数式で表すと式(4.21)で表すことができる。

$$y_{tx,RF}(t)=\sum_{m=0}^{M-1}A_0 a\left(\frac{t-mPRI}{\tau}\right)e^{j2\pi f_C(t-mPRI)} \tag{4.21}$$

ここに，$A_0$ は送信振幅，関数 $a(t/\tau)$ は式(4.22)で与えられる。

$$a\left(\frac{t}{\tau}\right)=\begin{cases}1 & (0\leq t\leq\tau)\\ 0 & (\text{otherwise})\end{cases} \tag{4.22}$$

これより，受信パルス列は式(4.23)で表すことができる。

$$y_{rx,RF}(t)=\sum_{m=0}^{M-1}A_1a\left(\frac{t-mPRI-T}{\tau}\right)e^{j2\pi(f_C+f_D)(t-mPRI-T)} \tag{4.23}$$

ここに，$A_1$は受信信号の複素振幅であり，遅延時間やドップラー周波数による位相回転の効果を除き，レーダ方程式により決まる信号電力の減衰や目標反射時の位相回転などのあらゆる効果を含んでいるとする。$f_D$は目標の移動に伴うドップラー周波数〔Hz〕であり，式(1.3)により式(4.24)で求められる。

$$f_D=\frac{2v}{\lambda_c} \tag{4.24}$$

ここに，$v$はレーダ視線方向の目標移動速度〔m/s〕であり，レーダに近づく方向を正としている。$\lambda_c$は搬送波の自由空間波長〔m〕である。

また，目標位置に相当する遅延時間$T$は，レーダと目標までの距離を$R$〔m〕とすると式(4.25)で与えられる。

$$T=\frac{2R}{c} \tag{4.25}$$

ここに，$c$は光速〔m/s〕である。

式(4.21)，(4.23)を等価ベースバンド系で表記すると式(4.26)，(4.27)となる。

$$y_{tx}(t)=\sum_{m=0}^{M-1}A_0a\left(\frac{t-mPRI}{\tau}\right) \tag{4.26}$$

$$y_{rx}(t)=\sum_{m=0}^{M-1}A_1a\left(\frac{t-mPRI-T}{\tau}\right)e^{-j2\pi f_CT}e^{j2\pi f_D(t-mPRI-T)} \tag{4.27}$$

数式で表した送信パルス列と受信パルス列の様子を送信パルスごとに図示したものを**図4.6**に示す。図4.6に示すように，送信から$T$〔s〕後にパルスが受信される。このため，最初のパルス送信後，遅延時間$T$〔s〕後に最初のパルスが受信されたあとは，PRIの周期でパルスが受信されることになる。さらに，受信信号はサンプリング周期$T_s$〔s〕で離散化される。サンプリング周期$T_s$の逆数がサンプリング周波数$f_s$〔Hz〕である。サンプリング周波数は，IQ検波の場合にはサンプリングの定理より信号周波数帯域幅以上とする必要があ

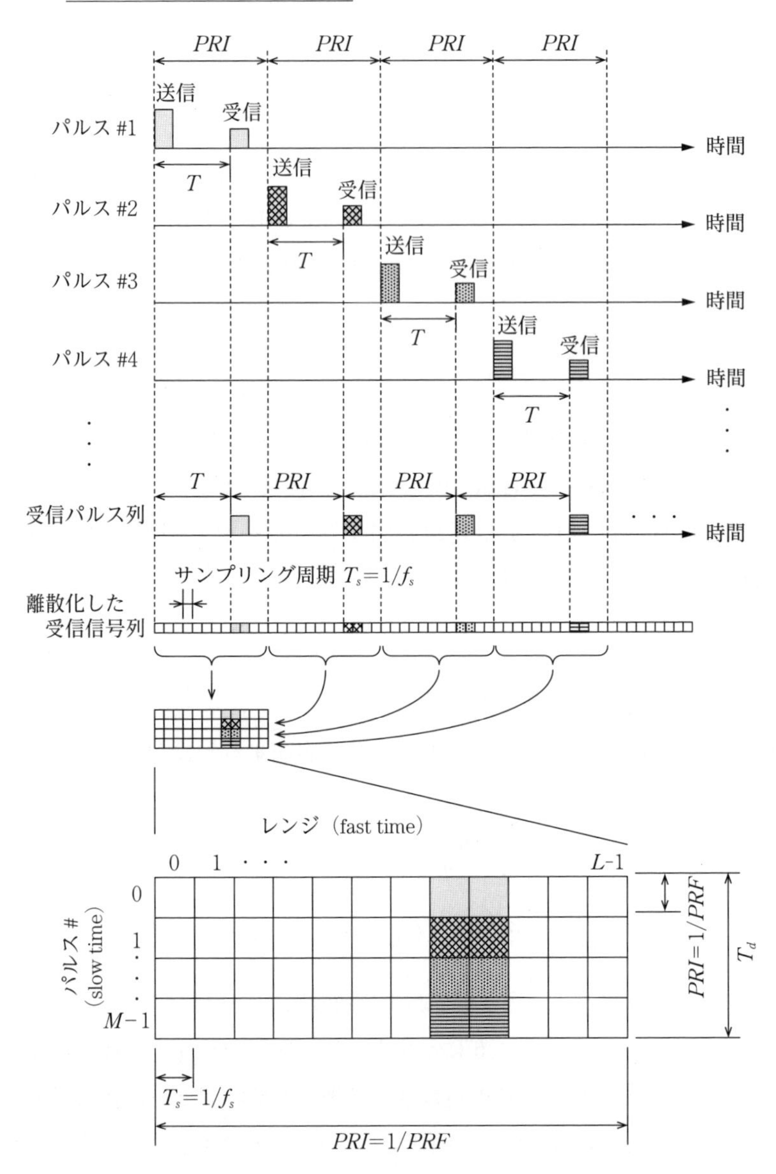


**図 4.6**　送受信パルス列と受信信号マトリクス

り，I/Q どちらか一方の検波の場合には信号周波数帯域幅の 2 倍以上とする必要がある[16)]。パルス変調信号の場合のサンプリング周波数については，4.4.4 項で述べる。

このように，受信信号は図 4.6 中央付近に記載のように 1 次元の時系列データとなるが，このままでは扱いにくいので，PRI ごとにまとめて図 4.6 下部に記載のような 2 次元データ（受信信号マトリクス）として扱う。これにより，1 パルスに対する信号処理とパルス間の信号処理をそれぞれ独立して考えることができる。ここで，1 パルスに対応する系列はレンジあるいは fast time と呼ばれ，レンジ方向にサンプリングされたデータの単位はレンジビンと呼ばれる。パルス間に対応する系列は slow time とも呼ばれる。

図 4.6 からわかるように，レンジ方向のサンプリング周波数は $f_s$ であり，レンジビンの総数 $L$ は式（4.28）で求められる。

$$L=\frac{PRI}{T_s}=\frac{f_s}{PRF} \tag{4.28}$$

$L$ は整数でなければならないので，信号の周波数帯域幅で決まるサンプリング周波数 $f_s$〔Hz〕に対して，式（4.28）が整数となるように PRF を選択する必要がある。PRF の選定にあたっては，これ以外にも想定する探知距離や目標の移動速度により制約が課されるが，これについては 4.4.12 節で詳細に説明する。一方，slow time 方向のサンプリング周波数は $PRF$〔Hz〕となり，slow time 方向のデータ総数は一つの CPI 内の送信パルス数 $M$ となる。

図 4.6 で示した受信信号マトリクスに対する信号処理の機能ブロック図の一例を**図 4.7** に示す。図 4.7 では，fast time の信号処理としてマッチドフィルタを行い，slow time の信号処理としてフーリエ変換を行っている。Fast time の信号処理については 4.4.2～4.4.8 項で説明し，slow time の信号処理については 4.4.9～4.4.11 項で説明する。

Fast time，slow time それぞれの信号処理後の受信信号マトリクスを**図 4.8** に示す。これより，fast time（すなわちレンジ）と周波数の 2 次元データとなる。Fast time は目標による反射信号の遅延時間であり，目標までの距離に相

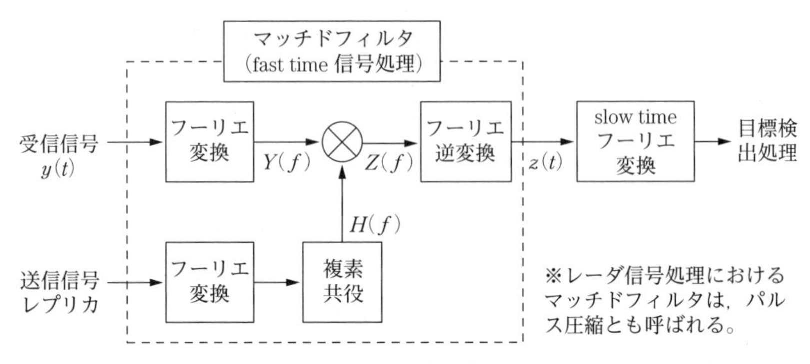


**図 4.7**　受信信号処理の機能ブロック図の一例

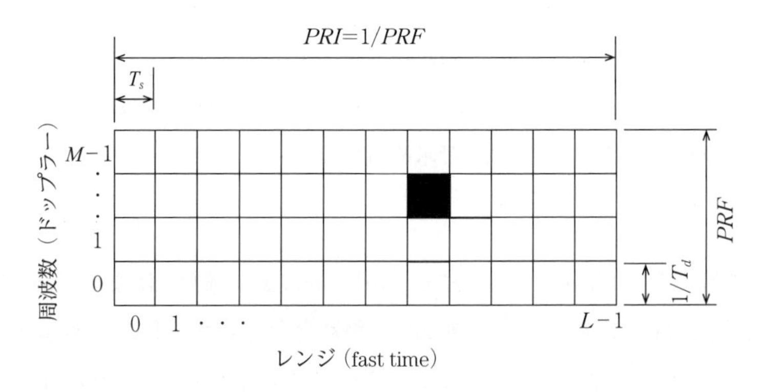


**図 4.8**　信号処理後の受信信号マトリクス（レンジ-ドップラーマップ）

当する。周波数は反射信号のドップラー周波数であり，目標の移動速度に相当する。それぞれ該当する箇所に受信信号が積み上がることになる。このようなレンジとドップラー周波数の 2 次元データはレンジ-ドップラーマップと呼ばれる。

### 4.4.2　マッチドフィルタ (fast time 信号処理)

Fast time の信号処理としては，マッチドフィルタによる処理が行われる[†3]。マッチドフィルタは受信信号の SNR を最大化する受信フィルタであ

†3　パルス変調方式の場合，マッチドフィルタ処理をせずとも同等の性能を得ることが可能であるが，後述の周波数変調時の処理も想定し，マッチドフィルタ処理を前提とする。

り，無線通信でもよく用いられる処理である。ここでは，最初にマッチドフィルタの一般論を説明する。

受信信号を $y(t)$，受信フィルタのインパルス応答を $h(t)$ とすれば，受信フィルタ出力 $z(t)$ は，以下の畳み込み積分で与えられる[16)]。

$$z(t)=\int_{-\infty}^{\infty}y(s)h(t-s)ds \tag{4.29}$$

また，畳み込み積分の性質から，$y(t)$，$h(t)$ の周波数応答をそれぞれ $Y(f)$，$H(f)$ としたとき，受信フィルタ出力 $z(t)$ は式（4.30）でも求めることができる。

$$z(t)=\int_{-\infty}^{\infty}Y(f)H(f)e^{j2\pi ft}df \tag{4.30}$$

式（4.29）は時間領域でのフィルタ処理，式（4.30）は周波数領域でのフィルタ処理である。

以上より，受信信号のフィルタ出力電力〔W〕は式（4.31）となる。

$$|z(t)|^2=\left|\int_{-\infty}^{\infty}y(s)h(t-s)ds\right|^2=\left|\int_{-\infty}^{\infty}Y(f)H(f)e^{j2\pi ft}df\right|^2 \tag{4.31}$$

一方，雑音のフィルタ出力電力 $N$〔W〕は，雑音を白色雑音とし周波数領域での電力密度を $\sigma_w{}^2$〔W/Hz〕とすれば，式（4.32）で与えられる[16)]。

$$N=\sigma_w{}^2\int_{-\infty}^{\infty}|H(f)|^2df \tag{4.32}$$

なお，雑音源が受信系熱雑音の場合には，$\sigma_w$ と 3.2 節で述べた受信雑音との関係は式（4.33）で考えればよい。

$$\sigma_w{}^2=kT_s \tag{4.33}$$

ここに，$k$ はボルツマン定数（$=1.38\times10^{-23}$ J/K），$T_s$ はシステム雑音温度〔K〕である。

式（4.31），（4.32）より，時間 $t=T_M$〔s〕における信号対雑音電力比 SNR は式（4.34）となる。

$$SNR(T_M)=\frac{|z(T_M)|^2}{N}=\frac{\left|\int_{-\infty}^{\infty}Y(f)H(f)e^{j2\pi fT_M}df\right|^2}{\sigma_w{}^2\int_{-\infty}^{\infty}|H(f)|^2df} \tag{4.34}$$

ここで，コーシー・シュワルツの不等式

$$\left|\int A(f)B(f)df\right|^2 \leq \left[\int |A(f)|^2 df\right]\left[\int |B(f)|^2 df\right] \tag{4.35}$$

を用いると，SNR は式 (4.36) のようになる。

$$SNR(T_M) \leq \frac{\int_{-\infty}^{\infty}|Y(f)e^{j2\pi fT_M}|^2 df \int_{-\infty}^{\infty}|H(f)|^2 df}{\sigma_w{}^2\int_{-\infty}^{\infty}|H(f)|^2 df} \tag{4.36}$$

式 (4.35) のコーシー・シュワルツの不等式で等号が成り立つのは，$B(f)=\alpha A^*(f)$ ($\alpha$：任意の定数) のときである ($^*$ は複素共役を表す)。したがって，時間 $t=T_M$ において SNR を最大とする受信フィルタの周波数応答は式 (4.37) で得られる。

$$H(f)=\alpha Y^*(f)e^{-j2\pi fT_M} \tag{4.37}$$

また，時間応答は式 (4.37) をフーリエ変換して式 (4.38) で与えられる。

$$\begin{aligned} h(t) &= \int_{-\infty}^{\infty} H(f)e^{j2\pi ft}df \\ &= \alpha\int_{-\infty}^{\infty} Y^*(f)e^{-j2\pi fT_M}e^{j2\pi ft}df \\ &= \alpha y^*(T_M-t) \end{aligned} \tag{4.38}$$

式 (4.37)，(4.38) で与えられる受信フィルタはマッチドフィルタと呼ばれ，その導出過程から明らかなように，時間 $t=T_M$ において SNR を最大化する受信フィルタである。式 (4.37) からわかるように，マッチドフィルタは周波数領域では受信信号の複素共役で与えられる。一方，式 (4.38) より，時間領域では受信信号の時間反転かつ複素共役で与えられる。

マッチドフィルタ出力は，式 (4.29) の時間領域での処理，あるいは式 (4.30) の周波数領域での処理，どちらも同じ結果を与える。しかし，レーダでは演算量を削減するため周波数領域での処理を行うのが一般的である。図 4.7 で示したマッチドフィルタは周波数領域での処理を表しており，式 (4.30) で表されるフィルタ処理である。

式 (4.37) で与えられるマッチドフィルタ処理をしたときの時間 $t=T_M$ にお

けるSNRを求めると，式(4.39)となる。

$$SNR(T_M)=\frac{\left|\alpha\int_{-\infty}^{\infty}Y(f)\,Y^*(f)\,e^{-j2\pi fT_M}e^{j2\pi fT_M}df\right|^2}{\sigma_w{}^2\int_{-\infty}^{\infty}|\alpha Y^*(f)\,e^{-j2\pi fT_M}|^2df}$$

$$=\frac{\left|\int_{-\infty}^{\infty}|Y(f)|^2df\right|^2}{\sigma_w{}^2\int_{-\infty}^{\infty}|Y(f)|^2df}$$

$$=\frac{1}{\sigma_w{}^2}\int_{-\infty}^{\infty}|Y(f)|^2df \tag{4.39}$$

ところで，パーセバルの定理より，パルス内の受信信号電力を$P_r$〔W〕で一定とすると，式(4.40)が成り立つ。

$$E\equiv\int_{-\infty}^{\infty}|Y(f)|^2df=\int_{-\infty}^{\infty}|y(t)|^2dt=P_r\tau \tag{4.40}$$

ここに，$E$は全受信エネルギー〔J〕である。

これより，マッチドフィルタ処理をしたときのSNRは式(4.41)となる。

$$SNR(T_M)=\frac{E}{\sigma_w{}^2}=\frac{P_r\tau}{\sigma_w{}^2} \tag{4.41}$$

式(4.41)の導出では，受信信号がパルス幅$\tau$にわたり尖頭電力一定のパルス信号であること以外に特段の制約条件を課していない。すなわち，パルス内の周波数や位相の変調方式について任意である。したがって，尖頭電力やパルス幅が一致していれば，パルス変調方式だけでなく，4.5節や4.6節の変調方式に対しても，式(4.41)は成り立つ。

### 4.4.3　パルス変調信号のマッチドフィルタ

パルス変調信号を送信したときの受信パルス列は式(4.27)で与えられ，このうち$m=0$となるパルスに対してマッチドフィルタ処理をすることを考える。このときの受信信号は，式(4.27)より式(4.42)となる。

$$y(t)=A_1a\left(\frac{t-T}{\tau}\right)e^{-j2\pi f_cT}e^{-j2\pi f_DT}e^{j2\pi f_Dt} \tag{4.42}$$

したがって，マッチドフィルタのインパルス応答は，式 (4.38) より式 (4.43) となる。

$$h(t)=\alpha y^*(T_M-t)$$
$$=\alpha' a\left(\frac{T_M-t-T}{\tau}\right)e^{j2\pi f_C T}e^{j2\pi f_D T}e^{-j2\pi f_D(T_M-t)} \tag{4.43}$$

ここで，新たに $\alpha A_1=\alpha'$ と置き，$\alpha'$ は任意の定数 (複素数) とする。さらに，$T_M=T$，すなわち目標位置に相当する遅延時間で SNR が最大となる条件とすると，マッチドフィルタのインパルス応答は式 (4.44) となる。

$$h(t)=\alpha' a\left(\frac{-t}{\tau}\right)e^{j2\pi f_C T}e^{j2\pi f_D t}$$
$$=\alpha'' a\left(\frac{-t}{\tau}\right)e^{j2\pi f_D t} \tag{4.44}$$

ここで，遅延時間 $T$ に関する位相回転項を $\alpha'$ に繰り入れ，新たに $\alpha''$ (複素数) とした。ただし，係数 $\alpha''$ は任意なので，以下では 1 とする。また，パルス変調信号に対するマッチドフィルタの周波数応答は，式 (4.44) をフーリエ変換することにより，以下のように求めることができる。

$$H(f)=\int_{-\infty}^{\infty}a\left(\frac{-t}{\tau}\right)e^{j2\pi f_D t}e^{-j2\pi f t}dt$$
$$=\int_{-\tau}^{0}e^{-j2\pi(f-f_D)t}dt$$
$$=\tau e^{j\pi(f-f_D)\tau}\frac{\sin\{\pi(f-f_D)\tau\}}{\pi(f-f_D)\tau} \tag{4.45}$$

式 (4.44) より，マッチドフィルタのインパルス応答は，送信信号の矩形関数 $a(t/\tau)$ を時間反転させ，かつドップラー周波数による位相回転を補正するものであると理解できる。また，式 (4.45) より，マッチドフィルタの周波数応答は，送信信号の周波数特性をドップラー周波数だけシフトさせ，かつ複素共役をとったものであると理解できる。

以上のことから，理想的なマッチドフィルタを実現するためには，ドップラー周波数が既知でなければならないことに注意する必要がある。しかし，ドップラー周波数はレーダがそもそも計測したい物理量であり，一般的には未知である。このため，以下では，ドップラー周波数が既知の場合と未知の場合に分けて解説する。

### 4.4.4 パルス変調信号の送信スペクトルと雑音帯域幅

パルス変調信号のマッチドフィルタ出力を解説する前に，パルス変調信号の送信スペクトルとマッチドフィルタの雑音帯域幅を解説する。

パルス変調信号の送信スペクトルは，送信信号をフーリエ変換して，式(4.46)のように求められる。

$$
\begin{aligned}
Y(f) &= \int_{-\infty}^{\infty} a\left(\frac{t}{\tau}\right) e^{-j2\pi ft} dt \\
&= \int_{0}^{\tau} e^{-j2\pi ft} dt \\
&= \tau e^{-j\pi f\tau} \frac{\sin(\pi f\tau)}{\pi f\tau}
\end{aligned}
\tag{4.46}
$$

すなわち，パルス変調信号の送信スペクトルは sinc 関数になり，これを図示すると**図 4.9** になる。図 4.9 において，横軸は $1/\tau$ で規格化した周波数，縦軸は最大値で規格化した振幅である。これより，パルス変調信号の周波数帯域は基本的に無限大となることがわかる。ただし，以下に述べる雑音帯域幅をパ

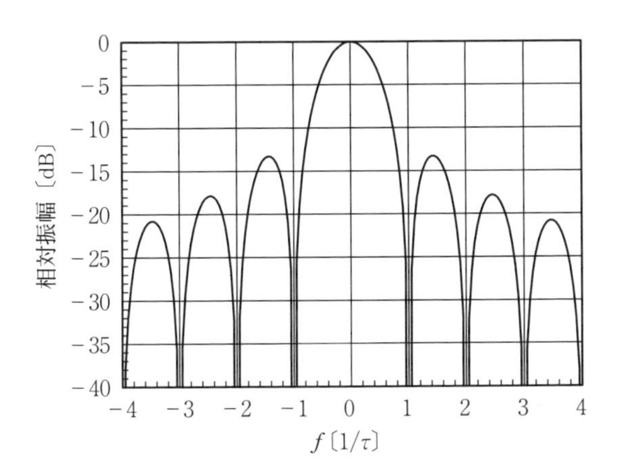


**図 4.9** パルス変調信号の送信スペクトル

ルス変調信号の周波数帯域幅として扱うことが多い。

雑音帯域幅とは，あるフィルタによる雑音出力を，通過振幅が一定の周波数特性を有する矩形帯域通過フィルタで置き換えたときの周波数帯域幅であり，式(4.47)で定義される[16]。

$$B=\frac{\int_{-\infty}^{\infty}|H(f)|^2 df}{\max[|H(f)|^2]} \tag{4.47}$$

パルス変調信号のマッチドフィルタの場合は，式(4.45)，(4.47)より式(4.48)のようになる。

$$\begin{aligned}B&=\frac{\int_{-\infty}^{\infty}|H(f)|^2 df}{\max[|H(f)|^2]}\\&=\frac{\int_{-\infty}^{\infty}|h(t)|^2 dt}{\tau^2}\\&=\frac{1}{\tau}\end{aligned} \tag{4.48}$$

なお，式(4.48)第1行から第2行の変形において，パーセバルの定理を用いている。式(4.48)より，雑音帯域幅はパルス幅の逆数となることがわかる。すなわち，パルス変調信号のマッチドフィルタは，パルス幅の逆数を通過帯域幅とする矩形帯域通過フィルタと等価である。実際に，矩形帯域通過フィルタを用いた場合の検討により，$B=1/\tau$となる条件がSNR最大となることが示されている[6]。

矩形帯域通過フィルタを用いたときにSNRが最大となる周波数帯域幅については，以下のようにも理解することができる。雑音電力は，周波数帯域幅に比例して増減をする。一方，図4.9より，信号電力は$\pm 1/\tau$の範囲に集中しているため，周波数帯域幅に比例して増減をすることはない。例えば，$\pm 1/\tau$以上の周波数帯域幅を有する帯域通過フィルタを用いても信号電力の増加は鈍化し，逆にこれよりも狭い帯域通過フィルタを用いると信号電力が極端に減ることになる。したがって，信号電力と雑音電力の増減のバランスがとれて，SNR

が最大となる条件が式（4.48）ということになる。

また，一般にパルス変調信号の周波数帯域幅を $B=1/\tau$ として扱うのも，雑音帯域幅に由来している。図 4.9 に示したように，パルス変調信号の周波数帯域幅は厳密には無限大である。しかし，雑音環境下では $B=1/\tau$ で与えられる周波数帯域幅が SNR 最大となるため，SNR の観点では周波数帯域幅 $B$ の信号成分のみ受信できればよい。このため，パルス変調信号の周波数帯域を $B=1/\tau$ として扱い，そのサンプリング周波数は $B=1/\tau$ とされる（ただし，実際にはオーバサンプリングされる場合が多い）。

なお，無線通信でのシングルキャリヤのディジタル変調方式は，異なる複素シンボルのパルス変調信号を連続伝送していると考えることができる。このため，1 シンボル長を $\tau$ として考えれば，最適なフィルタ帯域幅やサンプリング周波数などの考え方は上述と基本的には同じである。ただし，無線通信の場合には，“シンボル間干渉を抑圧するために” ナイキストフィルタを用いると説明されるのが一般的で，必ずしも SNR 最大の観点では説明がなされてはいないように思われる。しかし，ナイキストフィルタの帯域幅は $B=1/\tau$ となっており，これは SNR が最大となる条件と一致し，両者は一致している。

### 4.4.5 ドップラー周波数が既知の理想的なマッチドフィルタ出力

ドップラー周波数が既知，あるいは目標が静止している（ドップラー周波数が 0）場合の理想的なマッチドフィルタ出力 $z(t)$ は式（4.49）で求められる。

$$\begin{aligned} z(t) &= \int_{-\infty}^{\infty} y(s)h(t-s)ds \\ &= A_1 \int_{-\infty}^{\infty} a\left(\frac{s-T}{\tau}\right) a\left(\frac{s-t}{\tau}\right) e^{-j2\pi f_C T} e^{j2\pi f_D (t-T)} ds \\ &= \begin{cases} A_1 e^{-j2\pi f_C T} e^{j2\pi f_D (t-T)} (\tau - |t-T|) & (T-\tau \leq t \leq T+\tau) \\ 0 & (\text{otherwise}) \end{cases} \end{aligned} \tag{4.49}$$

これより式（4.50）を得る。

$$|z(t)| = \begin{cases} |A_1|(\tau - |t-T|) & (T-\tau \leq t \leq T+\tau) \\ 0 & (\text{otherwise}) \end{cases} \tag{4.50}$$

横軸を $t$ とし，式 (4.50) を図示すると**図 4.10** になる。図 4.10 において，横軸の時間 $t$ は式 (4.25) によってレーダからの距離に換算できるため，図 4.10 は，受信したパルス変調信号に対してマッチドフィルタ処理をしたときの距離応答特性（レンジプロファイル）を表している。これより，目標位置に相当する $t=T$ において最大値をとる三角波となり，目標位置を検出可能になることがわかる。

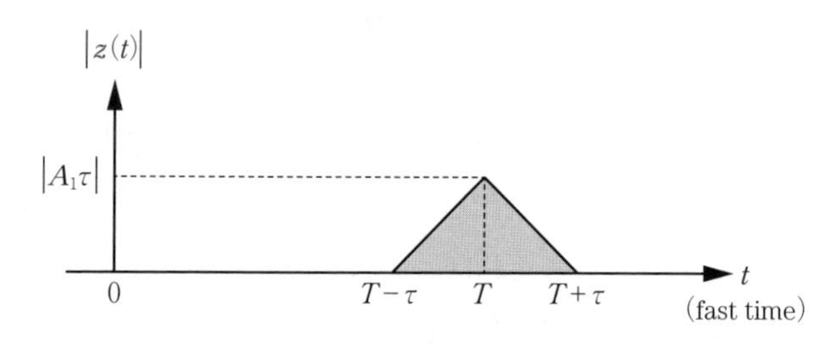


**図 4.10**　パルス変調信号の理想マッチドフィルタ出力（単一目標）

つぎに，目標が複数存在する場合を考える。目標が複数存在する場合には，各目標に対するマッチドフィルタ出力の重ね合わせとなり，例えば，**図 4.11** のようなレンジプロファイルとなる。目標 0 を基準に考えると，遅延時間 $T\pm\tau$ 以上離れた位置の目標 1 や目標 3 は分離できるものの，遅延時間 $T\pm\tau$ 以内の目標 2 は分離が困難になる。

したがって，目標検出の時間分解能は $\tau$〔s〕となる。これより，目標検出の距離分解能 $\varDelta R$〔m〕は式 (4.51) のように与えられる。

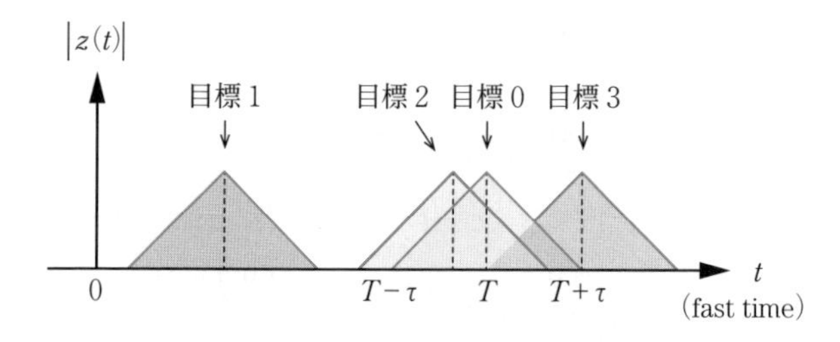


**図 4.11**　複数目標に対する理想マッチドフィルタ出力

$$\Delta R=\frac{c\tau}{2} \tag{4.51}$$

すなわち，距離分解能はパルス幅で決まり，距離分解能を高くするためにはパルス幅を狭くする必要があることがわかる。

### 4.4.6　ドップラーシフトが未知のマッチドフィルタ出力

一般的には，ドップラー周波数は未知であるため，式（4.44）のマッチドフィルタのインパルス応答にはドップラー周波数の推定値を入れることになる。あるいは，ドップラー周波数がないものとして処理をすることになる。このときのフィルタ出力は，式（4.49）の最大値よりも小さくなる。ドップラー周波数の推定値を $f_D'$〔Hz〕とすれば，目標位置に相当する $t=T$ における マッチドフィルタ出力は式（4.52）で求めることができる。

$$\begin{aligned}
z(T)&=\int_{-\infty}^{\infty}y(s)h(T-s)ds\\
&=A_1\int_{-\infty}^{\infty}a\left(\frac{s-T}{\tau}\right)a\left(\frac{s-T}{\tau}\right)e^{-j2\pi f_C T}e^{j2\pi(f_D-f_D')(s-T)}ds\\
&=A_1 e^{-j2\pi f_C T}\int_0^{\tau}e^{j2\pi(f_D-f_D')s}ds\\
&=\frac{A_1 e^{-j2\pi f_C T}e^{j\pi(f_D-f_D')\tau}\sin\{\pi(f_D-f_D')\tau\}}{\pi(f_D-f_D')}
\end{aligned} \tag{4.52}$$

ここで，ドップラー周波数の推定誤差として $f_{\mathrm{diff}}=f_D-f_D'$ を定義すると，式（4.53）を得る。

$$|z(T)|=\left|A_1\tau\frac{\sin(\pi f_{\mathrm{diff}}\tau)}{\pi f_{\mathrm{diff}}\tau}\right| \tag{4.53}$$

式（4.53）を最大値で規格化して図示したのが**図 4.12** である。これより，ドップラー周波数の推定誤差が大きくなると，マッチドフィルタ出力は sinc 関数に従い小さくなることがわかる。このことは，受信信号のドップラーシフトがないものとしてマッチドフィルタ処理を行うと，目標の移動速度が大きくなるにつれマッチドフィルタ出力が低下し，目標検出が困難になることを意味している。

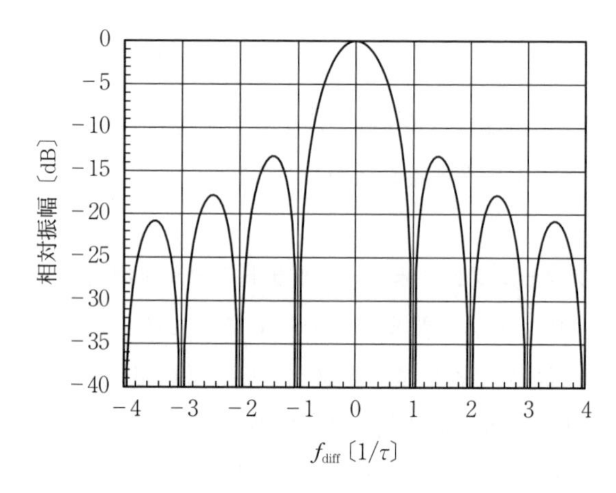


**図 4.12**　ドップラー周波数の誤差とマッチドフィルタ出力（パルス変調）

また，このマッチドフィルタ出力の低下量は，パルス幅が大きいほど顕著になることがわかる。4.4.4 項で述べたように，マッチドフィルタを等価的な帯域通過フィルタに置き換えると，その周波数帯域幅はパルス幅の逆数 $(1/\tau)$ となる。したがって，パルス幅が広い送信信号に対するマッチドフィルタは，狭帯域な帯域通過フィルタとみなすことができる。これにより，ドップラー周波数がこの周波数帯域幅よりも大きいと，信号そのものを受信することができなくなると理解することができる。このため，等価周波数帯域幅 $1/\tau$ よりもドップラー周波数が大きい信号を受信するためには，マッチドフィルタではなく周波数帯域幅の広い矩形帯域通過フィルタを用いる必要がある。しかし，周波数帯域幅が広くなった分だけ雑音が大きくなり，SNR が劣化するので注意が必要である。

### 4.4.7　パルス変調信号のアンビギュイティ関数

4.4.5 項で示したレンジプロファイルや 4.4.6 項で示したドップラー周波数の影響を簡潔に示す関数として，以下のアンビギュイティ関数を定義する。

$$z(t;f_D)=\int_{-\infty}^{\infty}y(s)e^{j2\pi f_D s}y^*(s-t)ds$$

$$\equiv \widehat{A}(t,\ f_D) \tag{4.54}$$

ここに，$y(t)$ は送信信号，$f_D$ はドップラー周波数〔Hz〕である。

式（4.29），（4.38）と式（4.54）を比べてわかるように，アンビギュイティ関数は $T=0$ とし，かつ $f_D$ だけドップラーシフトした受信信号に対して，ドップラー周波数による位相回転を補正しないマッチドフィルタ出力となっている。したがって，アンビギュイティ関数により，送信信号固有のマッチドフィルタ出力特性を簡潔に表すことができる。

パルス変調信号に対するアンビギュイティ関数を求める。パルス変調信号の場合，送信信号は式（4.55）で与えられる。

$$y(t)=a\left(\frac{t-\tau/2}{\tau}\right) \tag{4.55}$$

なお，式（4.55）は基本的には式（4.22）と同じであるが，時間基準を変えていることに注意されたい。式（4.55）を式（4.54）に代入すると，$0\leq t\leq \tau$ の場合には式（4.56）を得る。

$$\begin{aligned}\widehat{A}(t,\ f_D)&=\int_{-\tau/2+t}^{\tau/2} e^{j2\pi f_D s}ds\\&=\frac{e^{j\pi f_D t}\sin[\pi f_D(\tau-t)]}{\pi f_D}\end{aligned} \tag{4.56}$$

$-\tau\leq t\leq 0$ の場合には式（4.57）を得る。

$$\begin{aligned}\widehat{A}(t,\ f_D)&=\int_{-\tau/2}^{\tau/2+t} e^{j2\pi f_D s}ds\\&=\frac{e^{j\pi f_D t}\sin[\pi f_D(\tau+t)]}{\pi f_D}\end{aligned} \tag{4.57}$$

式（4.56），（4.57）より，アンビギュイティ関数の絶対値は式（4.58）となる。

$$\begin{aligned}A(t,\ f_D)&=|\widehat{A}(t,\ f_D)|\\&=\tau(1-|t|/\tau)\left|\frac{\sin[\pi f_D\tau(1-|t|/\tau)]}{\pi f_D\tau(1-|t|/\tau)}\right| \quad (-\tau\leq t\leq \tau)\end{aligned} \tag{4.58}$$

式（4.58）を2次元コンターで図示すると**図 4.13** になる。図 4.13 において横軸はドップラー周波数 $f_D$ であり，$1/\tau$ を単位としている。縦軸は遅延時間 $t$

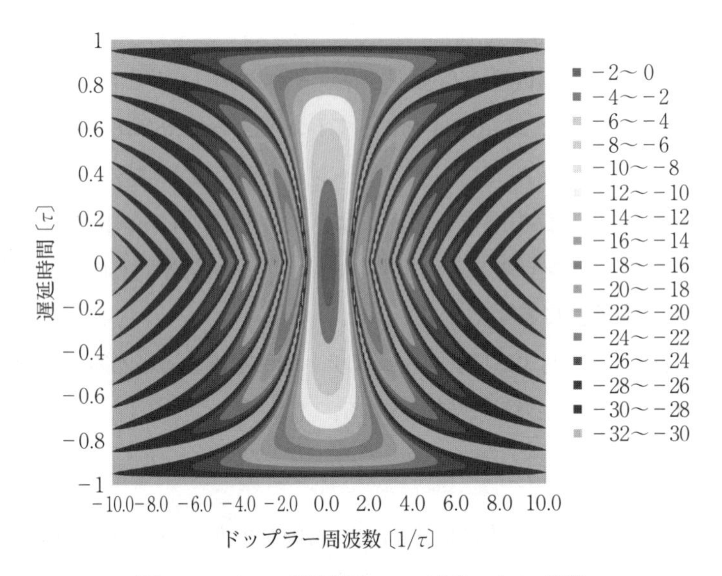


**図 4.13**　パルス変調信号のアンビギュイティ関数

であり，パルス幅 $\tau$ を単位としている。コンターは最大値で規格化し，$-32$〜$0$ dB まで 2 dB 単位で図示している。また，$f_D=0$ としたときには式 (4.50)（ただし $T=0$）と一致し，$t=0$ としたときには式 (4.53) と一致する。

### 4.4.8　パルス変調信号に対するマッチドフィルタ処理後の信号対雑音電力比

4.4.2 項で述べたように，マッチドフィルタ処理後の SNR は一般的に式 (4.41) で与えられる。ここでは，パルス変調信号に対する理想的なマッチドフィルタ出力を直接計算し，式 (4.41) が成立しているかを考える。

パルス変調信号に対する理想的なマッチドフィルタ出力は式 (4.50) となり，その最大値は $t=T$ のときであり，式 (4.59) となる。

$$|z(T)|=|A_1|\tau \tag{4.59}$$

また，雑音のマッチドフィルタ出力電力は式 (4.32) で与えられ，式 (4.60) となる。

$$N=\sigma_w{}^2\int_{-\infty}^{\infty}|H(f)|^2df=\sigma_w{}^2\int_{-\infty}^{\infty}|h(t)|^2dt=\sigma_w{}^2\tau \tag{4.60}$$

したがって，SNR は式（4.61）となる。

$$SNR(T)=\frac{|z(T)|^2}{N}=\frac{|A_1|^2\tau^2}{\sigma_w{}^2\tau}=\frac{|A_1|^2\tau}{\sigma_w{}^2} \tag{4.61}$$

$|A_1|^2=P_r$ なので，式（4.41）と等しくなることがわかる。

ところで，式（4.61）の SNR 表現式の分母に受信機の周波数帯域幅に相当する項がなく，2.2〜2.4 節で解説した SNR と必ずしも一致していないように見える。しかし，4.4.4 項で述べたように，パルス変調信号の雑音帯域幅 $B$ は $1/\tau$ とみなすことができる。この関係を用いると，式（4.61）は式（4.62）となり，2.2〜2.4 節で解説した SNR 表現式と矛盾は生じない。

$$SNR(T_M)=\frac{P_r\tau}{\sigma_w{}^2}=\frac{P_r}{\sigma_w{}^2B}=\frac{P_r}{kT_sB} \tag{4.62}$$

### 4.4.9　ドップラー信号処理（slow time 信号処理）

4.4.2〜4.4.8 項では，図 4.6 の fast time 方向の信号処理について述べた。本項では，パルス間，すなわち図 4.6 の slow time 方向の信号処理について述べる。

$m$ 番目のパルスに対して目標位置に相当する $t=T$ における受信信号は，式（4.27）より式（4.63）のように表すことができる[†4]。

$$y_{rx}(T,\ m)=\alpha'''A_1e^{-j2\pi f_cT} \tag{4.63}$$

ここに，$\alpha'''$ は定数（振幅 1 の複素数）であるので，以下では省略する。なお，マッチドフィルタ処理後の出力も，式（4.52）より，式（4.63）と同じように表すことができる。このため，以下の解説はマッチドフィルタ前後のいずれも信号に対しても有効である。言い換えれば，slow time 信号処理は，fast time 信号処理と独立して行うことができる。

式（4.25）を式（4.63）に代入すると式（4.64）を得る。

†4　図 4.6 のように，受信信号を 2 次元化したため，$m$ 番目のパルスに対しては $t=m\ PRF$ が基準の時間となることに注意されたい。

$$y_{rx}(T,\ m)=A_1e^{-j4\pi f_c R/c}=\alpha''' A_1 e^{-j4\pi R/\lambda_c} \tag{4.64}$$

これより，目標までの距離 $R$ が一定であれば，受信信号はパルスごとに同一となる。一方，移動目標の場合には，目標までの距離 $R$ はパルスごとに変わり，式(4.65)で与えられる。

$$R=R_0-vmPRI \tag{4.65}$$

ここに，$R_0$ は0番目のパルスが照射されたときの目標までの距離〔m〕，$v$ はレーダ視線方向の目標移動速度〔m/s〕である。

式(4.65)を式(4.64)に代入すると式(4.66)を得る[†5]。

$$\begin{aligned} y_{rx}(T,\ m)&=A_1e^{-j4\pi R_0/\lambda_c}e^{j4\pi vmPRI/\lambda_c}\\ &=A_1e^{-j4\pi R_0/\lambda_c}e^{j2\pi f_D mPRI}\\ &\equiv A_1{}'e^{j2\pi f_D mPRI} \end{aligned} \tag{4.66}$$

式(4.66)からわかるように，slow time 方向の受信信号には，ドップラー周波数による位相回転が観測できることがわかる。したがって，受信信号を slow time 方向にフーリエ変換することによりドップラー周波数，すなわち目標の移動速度を知ることができる。このため，slow time 方向の信号処理とはフーリエ変換そのものである。

Slow time 方向の時間を改めて $t$ とすれば，slow time 方向の受信信号列は**図4.14**になる。これを数式で表すと，式(4.66)より式(4.67)のようになる。

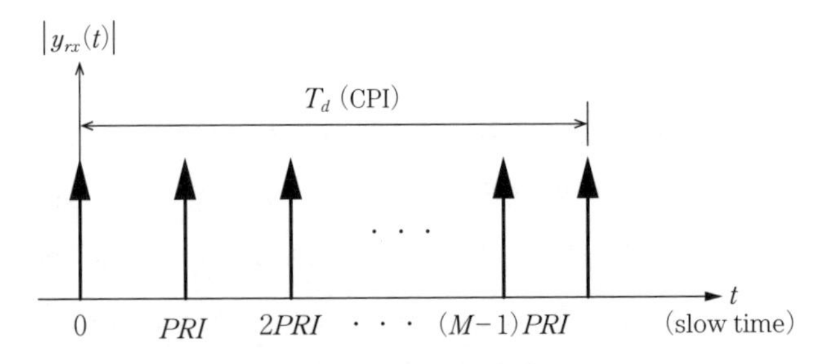


**図4.14**　slow time 方向の受信信号列

---

†5　ここでは，レンジビンは変わらないとしている。超音速の移動目標の場合，レンジビンが変わる可能性もあるが，その場合には追尾も含めた処理が必要になる。

$$y_{rx}(t)=A_1'e^{j2\pi f_D t}\sum_{m=0}^{M-1}\delta(t-mPRI)$$

$$=A_1'a\left(\frac{t}{T_d}\right)e^{j2\pi f_D t}\sum_{m=-\infty}^{\infty}\delta(t-mPRI) \tag{4.67}$$

ここに，$a(-)$ は式（4.22）で与えられる矩形関数，$\delta(-)$ はデルタ関数である。ここで，以下の関係式を用いる。

$$\sum_{m=-\infty}^{\infty}\delta(t-mPRI)=\frac{1}{PRI}\sum_{k=-\infty}^{\infty}e^{j\frac{2\pi}{PRI}kt} \tag{4.68}$$

これより，式（4.67）のフーリエ変換 $Y_{rx}(f)$ は式（4.69）のようになる。

$$Y_{rx}(f)=\int_{-\infty}^{\infty}A_1'a\left(\frac{t}{T_d}\right)e^{j2\pi f_D t}\sum_{m=-\infty}^{\infty}\delta(t-mPRI)e^{-j2\pi ft}dt$$

$$=\frac{A_1'}{PRI}\sum_{k=-\infty}^{\infty}\int_{-\infty}^{\infty}a\left(\frac{t}{T_d}\right)e^{-j2\pi(f-f_D-k\cdot PRF)t}dt \tag{4.69}$$

ここで，関数 $a$（－）のフーリエ変換は以下のように求めることができる。

$$\int_{-\infty}^{\infty}a\left(\frac{t}{T_d}\right)e^{-j2\pi ft}dt=\int_{0}^{T_d}e^{-j2\pi ft}dt$$

$$=T_d\frac{\sin(\pi fT_d)}{\pi fT_d}e^{j\pi fT_d} \tag{4.70}$$

式（4.70）を式（4.69）に代入すると，式（4.67）のフーリエ変換 $Y_{rx}(f)$ は式（4.71）のようになる。

$$Y_{rx}(f)=MA_1'\sum_{k=-\infty}^{\infty}\frac{\sin\{\pi(f-f_D-k\cdot PRF)T_d\}}{\pi(f-f_D-k\cdot PRF)T_d}e^{j\pi(f-f_D-k\cdot PRF)T_d} \tag{4.71}$$

式（4.67）と式（4.71）を比較してわかるように，フーリエ変換，すなわち slow time 信号処理により，受信信号の最大値は $M$ 倍，つまりパルス数倍になることがわかる。このことは，受信信号を $M$ パルス分だけコヒーレント積分したことに相当する。したがって，slow time 信号処理はドップラー周波数を計測するだけでなく，コヒーレント積分による利得が得られ，SNR 向上の効果があることがわかる。

また，式（4.71）を図示すると**図 4.15** になる。これからわかるように，目標のドップラー周波数 $f_D$ を中心に PRF ごとに周期的にピークが現れる。いい方

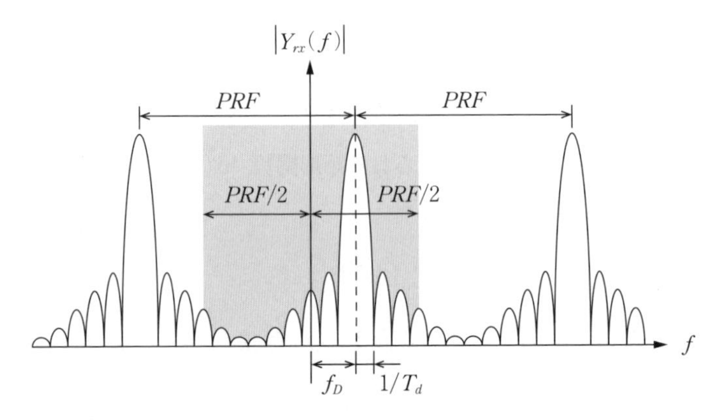


**図 4.15**　slow time フーリエ変換後の信号

を変えると，$\pm PRF/2$ の範囲を超えたドップラー周波数には曖昧さ（ドップラーアンビギュイティ）があり，正しく計測ができないことになる。したがって，PRF の選定は想定する目標の移動速度をもとに行う必要がある。PRF の選定についての詳細は 4.4.12 項で解説する。また，ピークから $\pm 1/T_d$ の位置でヌル点が発生することがわかり，これがドップラー周波数の分解能を与える。これからわかるように，ドップラー分解能を向上させるためには，全観測時間 $T_d$ を長くすればよい。ただし，移動目標に対して観測時間を長くすると，目標のレンジビンが変わるなどの問題もあるため注意が必要である。

### 4.4.10　離散フーリエ変換による損失（straddle 損失）

4.4.9 項では，式（4.71）の周波数 $f$ は連続値を想定していることになる。しかし，slow time 信号処理において FFT（fast Fourier transform）のような離散フーリエ変換アルゴリズムを用いると，周波数 $f$ も離散値となる。この場合，受信信号のドップラー周波数と離散周波数の関係によっては理想的な積分利得が得られない場合がある。これを説明する図を**図 4.16** に示す。図 4.16 において，横軸は PRF で規格化した周波数，縦軸は最大値で規格化した周波数応答の振幅値を表す。点線は式（4.71）の連続的な周波数応答であり，●は周波数サンプル数を時間サンプル数と等しくした場合の周波数応答である。ま

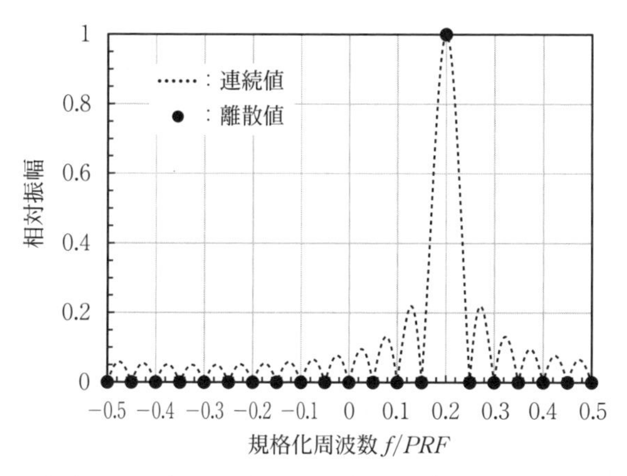


（a）　ドップラー周波数が周波数サンプル値と一致する場合

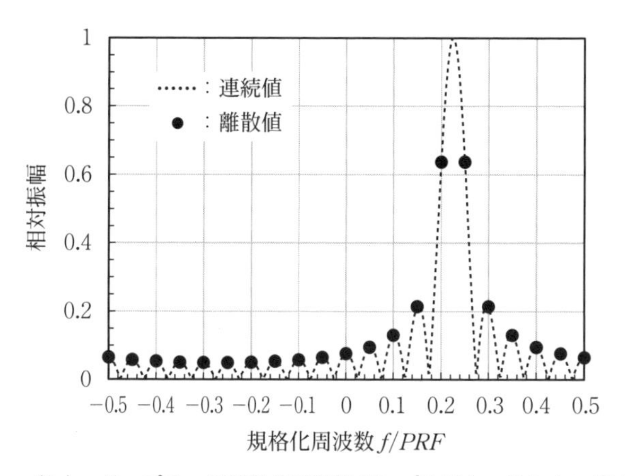


（b）　ドップラー周波数が周波数サンプル値と一致しない場合

**図 4.16**　離散フーリエ変換による straddle 損失

た，図 4.16（a）は受信信号のドップラー周波数が周波数サンプル値と一致する場合であり，図（b）は一致しない場合である。これから明らかなように，図 4.16（b）のケースは，図（a）と比べて振幅値が小さくなる最悪ケースとなっており，約 3.9 dB の振幅低下が発生している。このような周波数離散化に伴う振幅低下は straddle 損失と呼ばれる。

Straddle 損失を低減する一つの方法は，単純に周波数サンプル数を増やす方法が挙げられる。例えば，フーリエ変換として FFT を用いるのであれば，図 4.14 のような時系列データのあとにゼロ値を追加（ゼロパッド）する。これにより，フーリエ変換後の周波数分解能が小さくなるため，周波数サンプル数を増やすことができる。周波数サンプル数を増やした場合の straddle 損失の変化を**図 4.17** に示す。図 4.17 において，横軸はゼロパッドをしない離散フーリエ変換時の周波数サンプル数を 1 としたときのオーバサンプリング率，縦軸は各サンプリング率でとりうる straddle 損失の最大値を表している。これより，周波数サンプル数が多くなるにつれ，straddle 損失が小さくなることがわかる。ただし，周波数サンプル数の増加に伴い演算数が多くなるため，設計上許容する損失と演算量とのトレードオフとなることに注意する必要がある。

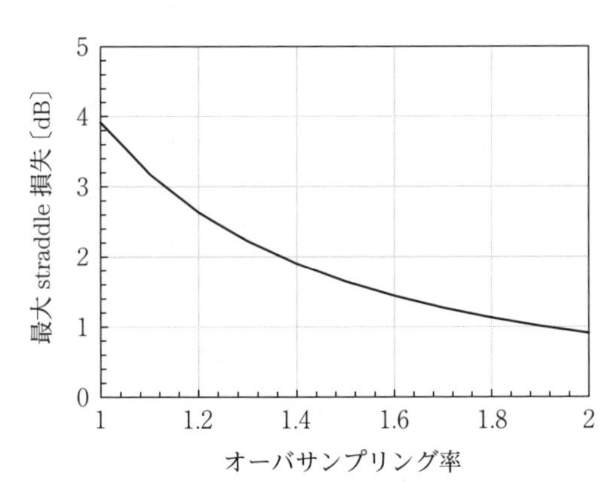


**図 4.17**　オーバサンプリング率と最大 straddle 損失

Straddle 損失の低減は，周波数領域へフーリエ変換する際に，周波数応答の低サイドローブ化のための窓関数を付与することでも実現できる[16)]。これは，3.1.5 項で述べたアンテナパターンの低サイドローブ化によりビーム幅が広くなるのと同じ理屈により，周波数応答の低サイドローブ化により周波数分解能が大きくなり，図 4.16（b）に示されるような振幅低下が低減されるためである。

### 4.4.11 ドップラー周波数による目標分離

4.4.9 項で述べたように，受信信号を slow time 方向にフーリエ変換すると，目標のドップラー周波数に応じた周波数にピークが発生する。これを利用すると，同一距離に位置する目標でも速度が異なれば分離して検出することができる。例えば，**図 4.18** に示すように，レーダからの距離が同じで速度の異なる三つの反射源がある場合を想定する。すなわち，レーダに近づく航空機，レーダから遠ざかる航空機，そして山などの地形を想定する。航空機はレーダが本来検出したい目標であるのに対して，地形は不要な反射源である。このような不要な反射源による反射信号は，一般的にクラッタと呼ばれる。

このときの slow time フーリエ変換後の受信信号は，PRF が十分大きくアンビギュイティはないものとすれば，例えば**図 4.19** のようになる。

図 4.19 からわかるように，クラッタは一般的にドップラー周波数ゼロ付近

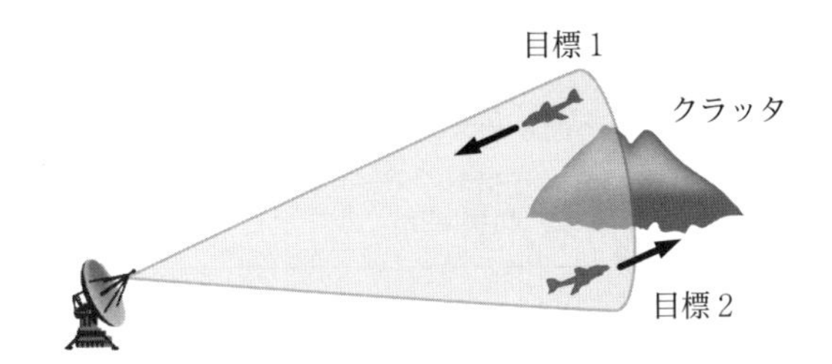


**図 4.18**　同一距離に位置する目標の例

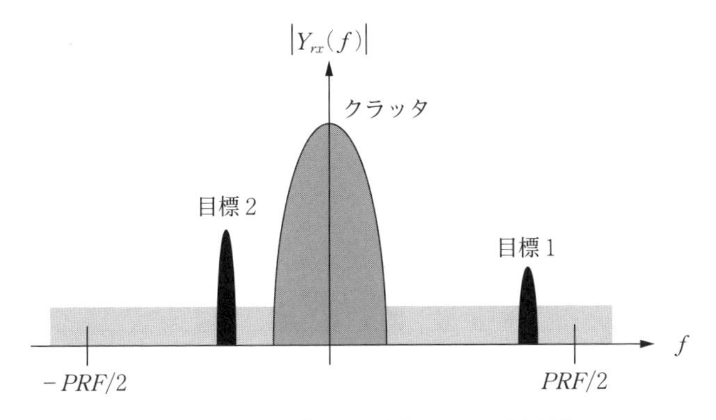


**図 4.19**　ドップラー周波数による目標分離

に現れ，移動目標は速度に応じたドップラー周波数に現れる。これにより目標分離が可能である。しかし，図 4.19 にも図示しているが，一般的にクラッタは孤立目標の信号電力よりも大きくなる。このため，目標信号がクラッタに埋もれるケースもある。したがって，クラッタのドップラー周波数がゼロ付近であることを利用したフィルタによる抑圧処理が行われる。クラッタ抑圧の信号処理については文献 16) などを参照されたい。

### 4.4.12 PRF の選定方法

目標までの送受往復遅延時間が PRI 以下となる目標（目標 #1）と PRI 以上となる目標（目標 #2）の 2 目標がある場合を考える。レーダから目標 #1 までの距離を $R_1$〔m〕，目標 #2 までの距離を $R_2$〔m〕とする。このとき，各送信パルスに対する受信パルスは**図 4.20**（a）になり，また最初の送信パルスからの全受信パルス列は図 4.20（b）になる。これより，目標 #1 に対しては，

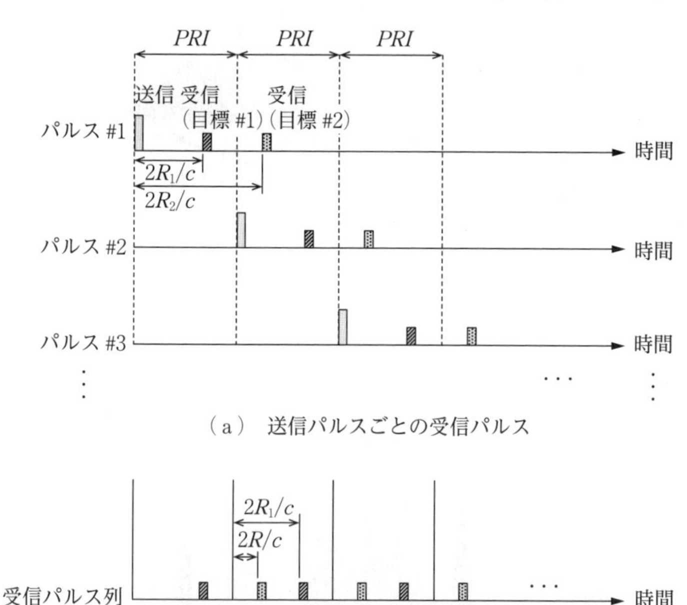


**図 4.20**　レンジアンビギュイティ概念図

送信パルスに対応したPRIごとに正しい遅延時間でパルスを受信できることがわかる。一方，目標 #2 に対しては，送信パルス #1 に対応する PRI 内ではパルスを受信できず，送信パルス #2 以降の PRI においても正しい遅延時間のパルスとして受信できないことがわかる。具体的には，式 (4.72) で与えられる距離に存在する目標と混同されてしまう。

$$R=R_2-\frac{c\cdot PRI}{2}=R_2-\frac{c}{2PRF} \tag{4.72}$$

以上のように，目標 #2 の距離に関してはアンビギュイティがあり，これはレンジアンビギュイティと呼ばれる。また，以上の解説より，レンジアンビギュイティが発生しない最大距離 $R_{ua}$〔m〕は式 (4.73) となる。

$$R_{ua}=\frac{c}{2PRF} \tag{4.73}$$

式 (4.73) より，遠距離目標のレンジアンビギュイティを回避するためには，PRF を低くする必要があることがわかる。

一方，4.4.9 項で述べたように，slow time 信号処理後の信号は図 4.15 のようになり，$\pm PRF/2$ の範囲を超えた目標にはドップラーアンビギュイティが発生する。したがって，ドップラーアンビギュイティが発生しない最大目標移動速度 $v_{ua}$〔m/s〕は，目標移動速度とドップラー周波数の関係が式 (4.24) で与えられることを考えると，式 (4.74) で与えられる。

$$v_{ua}=\frac{\lambda_c\cdot PRF}{2} \tag{4.74}$$

式 (4.74) より，高速移動目標のドップラーアンビギュイティを回避するためには，PRF を高くする必要があることがわかる。

以上の解説から，レンジアンビギュイティ回避とドップラーアンビギュイティ回避は相反関係にあることがわかる。したがって，探知距離や想定目標の移動速度を考慮に入れて，PRF を選定する必要がある。なお，遠距離目標を探知するための PRF は “low PRF”，高速移動目標を探知するための PRF は “high PRF”，その中間は “medium PRF” と分類される。例えば，X 帯のレーダの典型例では，low PRF は 0.25～4 kHz 程度，medium PRF は 10～20 kHz

程度，high PRF は 100〜300 kHz 程度に選定される[3]。

なお，以上の解説によれば，遠距離かつ高速移動目標の目標探知には必ずアンビギュイティが発生することとなる。これを回避する一つの方法として，パルスごとに PRF 変化させながら送信する方法（スタガ送信）もある[16]。

## 4.5 レーダの変調方式（2）：線形周波数変調パルス方式

4.4.5 項で述べたように，パルス変調方式の距離分解能はパルス幅の半分で決定される。このため，さらに小さい距離分解能を実現するためにはパルス幅を短くする必要がある。しかし，パルス幅を短くすると，そのままでは平均電力が小さくなり，2.5 節の解説により SNR が小さくなる。つまり，目標の探知距離が短くなる問題がある。このため，探知距離を維持するためには送信尖頭電力を大きくする必要があるが，送信機の高出力化には限界があり，その実現は難しいのが一般的である。

以上のように，パルス変調方式では，探知距離と距離分解能が相反する関係にある。この相反関係を解決する手段として用いられるのが，パルス内で周波数変調や位相変調を行う方式である。この方式により，パルス幅を維持した状態で距離分解能向上が実現でき，探知距離と距離分解能を独立して設計することができるようになる。

本節では，レーダで最も一般的に用いられている線形周波数変調（linear frequency modulation：LFM）パルス方式（チャープパルス方式）を解説する。なお，slow time 信号処理はパルス変調方式と同じであるため，ここでは fast time 信号処理のみを考える。

### 4.5.1 LFM パルス信号の送信波形

等価ベースバンド系で考えると，LFM パルス方式ではパルス内での周波数の時間変化を式（4.75）のように線形で与える。

$$f(t)=\alpha t \quad (-\tau/2 \leq t \leq \tau/2) \tag{4.75}$$

ここに，$\alpha$ は変調レート（チャープレート），$\tau$ はパルス幅である。$\alpha$ が正の場合には時間とともに周波数が高くなり，これはアップチャープと呼ばれる。$\alpha$ が負の場合には時間とともに周波数が低くなり，これはダウンチャープと呼ばれる。

変調帯域幅を $\beta$〔Hz〕とすれば，$\alpha$ は式 (4.76) のようになる。

$$\alpha=\frac{\beta}{\tau} \tag{4.76}$$

したがって，LFM パルスにおけるパルス内の位相変化は式 (4.77) のようになる。

$$\begin{aligned}\theta(t)&=2\pi\int_0^t f(t)\,dt\\&=\pi\frac{\beta}{\tau}t^2\end{aligned} \tag{4.77}$$

これより，LFM パルスを式で表すと式 (4.78) となる。

$$y'(t)=a\left(\frac{t-\tau/2}{\tau}\right)e^{j\pi\beta t^2/\tau} \tag{4.78}$$

ここに，関数 $a(-)$ は式 (4.22) で与えられる矩形関数である。

LFM パルスの周波数と位相の変化，および LFM パルスの例を**図 4.21，4.22** に示す。

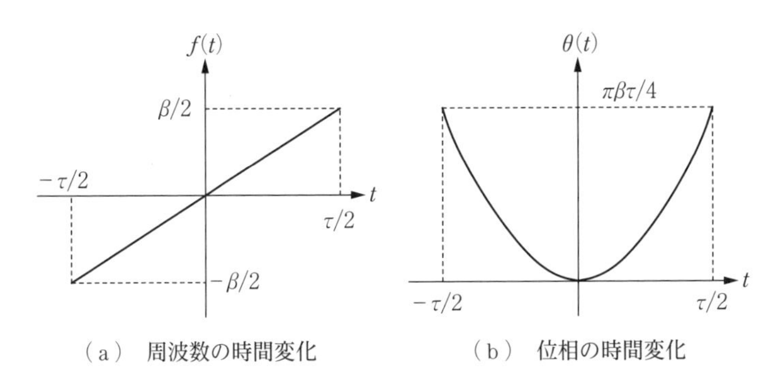


（a） 周波数の時間変化　　（b） 位相の時間変化

**図 4.21** LFM パルスにおける周波数と位相の変化

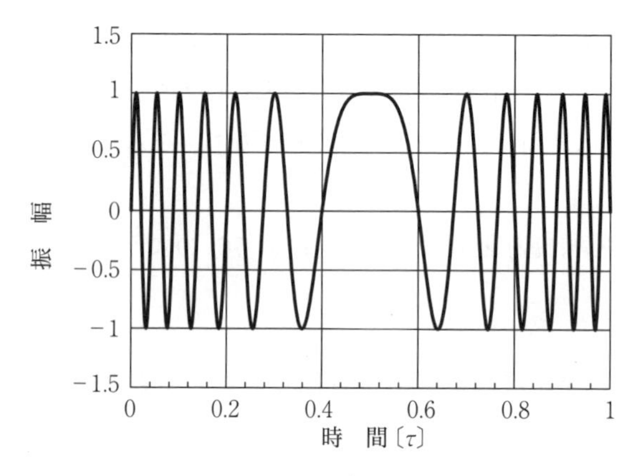


**図 4.22**　LFM パルスの時間波形

### 4.5.2　LFM パルス信号の周波数スペクトル

LFM パルスの周波数スペクトルは，式 (4.78) をフーリエ変換することにより求めることができるが，ここでは停留位相法により近似解を求める。

式 (4.78) のフーリエ変換は式 (4.79) のようになる。

$$Y'(f)=\int_{-\infty}^{\infty}a\left(\frac{t-\tau/2}{\tau}\right)e^{j\pi\beta t^2/\tau}e^{-j2\pi ft}dt$$
$$=\int_{-\infty}^{\infty}a\left(\frac{t-\tau/2}{\tau}\right)e^{j\varphi(t)}dt \tag{4.79}$$

ただし，

$$\varphi(t)=\pi\frac{\beta}{\tau}t^2-2\pi ft \tag{4.80}$$

これより，$\beta\tau$ が大きい場合，式 (4.79) の被積分関数の指数関数項は大きな位相回転をすることがわかる。このような位相回転の大きい関数の積分は打ち消しあうことが予想され，最終的な積分値への寄与としては，位相回転の少ない箇所周辺での寄与が支配的になると考えられる。この位相回転の少ない点は停留点と呼ばれ，停留位相法は停留点近傍の積分に帰着させる手法である。停留点は位相変化の小さい点であるので，式 (4.81) で求めることができる。

$$\frac{d\varphi(t)}{dt}=2\pi\frac{\beta}{\tau}t-2\pi f=0 \tag{4.81}$$

これより，停留点 $t_0$ は式 (4.82) のようになる。

$$t_0=\frac{f\tau}{\beta} \tag{4.82}$$

また，式 (4.80) を $t=t_0$ でテイラー展開すると式 (4.83) のようになる。

$$\begin{aligned}\varphi(t)&=\varphi(t_0)+\left(\frac{d\varphi(t)}{dt}\right)_{t=t_0}(t-t_0)+\left(\frac{1}{2}\frac{d^2\varphi(t)}{dt^2}\right)_{t=t_0}(t-t_0)^2+\cdots\\&\approx-\frac{\pi f^2\tau}{\beta}+\frac{\pi\beta}{\tau}(t-t_0)^2\end{aligned} \tag{4.83}$$

よって，式 (4.79) は式 (4.84) のように近似できる。

$$\begin{aligned}Y'(f)&=\int_{-\infty}^{\infty}a\left(\frac{t-\tau/2}{\tau}\right)e^{j\varphi(t)}dt\\&\approx\int_{-\infty}^{\infty}a\left(\frac{t_0-\tau/2}{\tau}\right)e^{j\left[-\frac{\pi f^2\tau}{\beta}+\frac{\pi\beta}{\tau}(t-t_0)^2\right]}dt\\&=a\left(\frac{t_0-\tau/2}{\tau}\right)e^{-j\pi f^2\tau/\beta}\int_{-\infty}^{\infty}e^{j\frac{\pi\beta}{\tau}t^2}dt\end{aligned} \tag{4.84}$$

式 (4.84) 第 3 行目の積分項は，いわゆるフレネル積分であり，式 (4.85) のように求めることができる。

$$\int_{-\infty}^{\infty}e^{jat^2}dt=\sqrt{\frac{\pi}{a}}e^{j\pi/4} \tag{4.85}$$

したがって，LFM パルスの周波数スペクトルは式 (4.86) で求めることができる。

$$\begin{aligned}Y'(f)&=\sqrt{\frac{\tau}{\beta}}a\left(\frac{t_0-\tau/2}{\tau}\right)e^{j\pi/4}e^{-j\pi f^2\tau/\beta}\\&=\begin{cases}\sqrt{\dfrac{\tau}{\beta}}e^{j\pi/4}e^{-j\pi f^2\tau/\beta} & (-\beta/2\leq f\leq\beta/2)\\ 0 & (\text{otherwise})\end{cases}\end{aligned} \tag{4.86}$$

これより，$\beta\tau$ が大きい場合，LFM パルスの周波数スペクトルは $\pm\beta/2$ の矩形関数で近似できることがわかる。例えば，$\beta\tau=50$ の場合の周波数スペクトルの厳密計算値と式 (4.86) の比較を**図 4.23** に示す。図 4.23 において，横軸

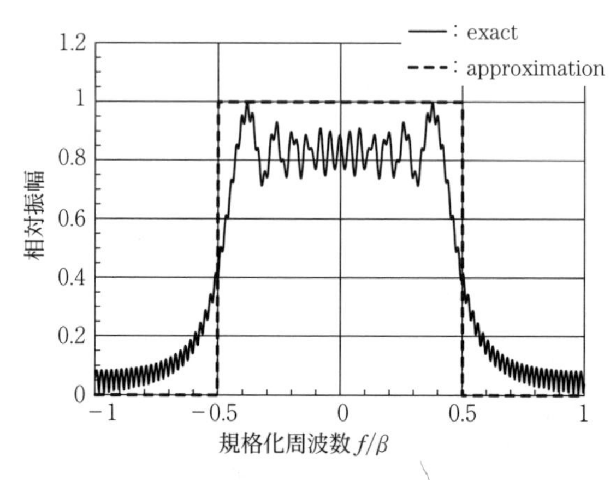


**図 4.23**　LFM パルスの周波数スペクトル

は変調帯域幅 $\beta$ で規格化した周波数，縦軸は最大値で規格化した振幅値（真値）である。また，“exact” は厳密計算値，“approximation” は式 (4.86) による計算値を表している。図 4.23 から，LFM パルスの周波数帯域幅は変調帯域幅 $\beta$ でおおむね近似できるとみなすことができることがわかる。また，このことから，LFM パルスのサンプリング周波数は最低限変調帯域幅にする必要があることもわかる。

なお，以上の解説では，$\beta\tau$ が大きいという条件を課していることに注意する必要がある。しかし，後述するように，LFM で距離分解能を向上させるためにはパルス変調方式よりも広帯域な周波数変調を行う必要があるため，$\beta\tau$ が大きいという条件は一般的には成り立つと考えてよい。

### 4.5.3　LFM パルス信号のアンビギュイティ関数

LFM パルスの場合も，パルス変調と同様に式 (4.54) によりアンビギュイティ関数を以下のように求めることができる。

$$\widehat{A}'(t,\ f_D) \equiv \int_{-\infty}^{\infty} y'(s) e^{j2\pi f_D s} y'^*(s-t)\,ds$$

$$= \int_{-\infty}^{\infty} a(s) e^{j\pi\beta s^2/\tau} a^*(s-t) e^{-j\pi\beta(s-t)^2/\tau} e^{j2\pi f_D s}\,ds$$

$$=e^{-j\pi\beta t^2/\tau}\int_{-\infty}^{\infty}a(s)\,a^*(s-t)\,e^{j2\pi(f_D+\beta t/\tau)s}ds$$

$$=e^{-j\pi\beta t^2/\tau}\widehat{A}\left(t,\ f_D+\frac{\beta}{\tau}t\right) \tag{4.87}$$

ここに，$\widehat{A}(-)$ は式(4.56)，(4.57)で与えられるアンビギュティ関数である。したがって，LFM パルスのアンビギュイティ関数の絶対値は式(4.88)で求めることができる。

$$A'(t,\ f_D)=|\widehat{A}'(t,\ f_D)|=\tau(1-|t|/\tau)\left|\frac{\sin[\pi(f_D\tau+\beta t)(1-|t|/\tau)]}{\pi(f_D\tau+\beta t)(1-|t|/\tau)}\right| \quad (-\tau\leq t\leq\tau) \tag{4.88}$$

式(4.88)からわかるように，LFM パルスのアンビギュイティ関数の最大値は $\tau$ となり，パルス変調のときと同じになることがわかる。

$\beta\tau=20$ のときの式(4.88)を図示すると**図 4.24** になる。図 4.24 において，横軸はドップラー周波数 $f_D$ であり，$1/\tau$ を単位としている。縦軸は遅延時間 $t$ であり，パルス幅 $\tau$ を単位としている。コンターは最大値で規格化し，$-32$～0 dB まで 2 dB 単位で図示している。

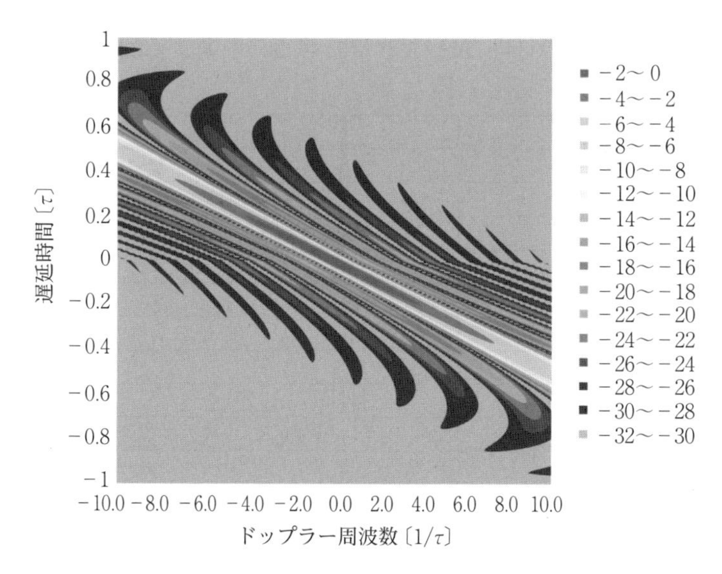


**図 4.24** LFM パルスのアンビギュイティ関数（$\beta\tau=20$）

### 4.5.4 LFM パルス信号による距離応答特性

図 4.24 において $f_D=0$ の特性は，ドップラー周波数が既知あるいは静止目標（ドップラー周波数がゼロ）の場合の理想的なマッチドフィルタ出力である。このときの遅延時間 $t$ による変化，すなわちレンジプロファイルは，式 (4.88) より式 (4.89) となる。

$$A'(t, 0)=\tau(1-|t|/\tau)\left|\frac{\sin[\pi\beta t(1-|t|/\tau)]}{\pi\beta t(1-|t|/\tau)}\right| \quad (-\tau\leq t\leq\tau) \tag{4.89}$$

これを**図 4.25** に示す。図 4.25 において，横軸はパルス幅 $\tau$ で規格化した遅延時間であり，比較のためパルス変調の場合も図示している。これより，パルス変調と比べて LFM パルスの距離分解能が向上していることがわかる。距離分解能はレンジプロファイルのピークから第 1 零点までの遅延時間に相当するため，第 1 零点の遅延時間は式 (4.89) より式 (4.90) で求めることができる。

$$\beta t(1-|t|/\tau)=1 \tag{4.90}$$

これより，第 1 零点の遅延時間は式 (4.91) となる。

$$t=\frac{\tau(1-\sqrt{1-4/\beta\tau})}{2} \tag{4.91}$$

ここで，$\beta\tau\gg1$ とすれば，式 (4.91) は式 (4.92) のように近似できる。

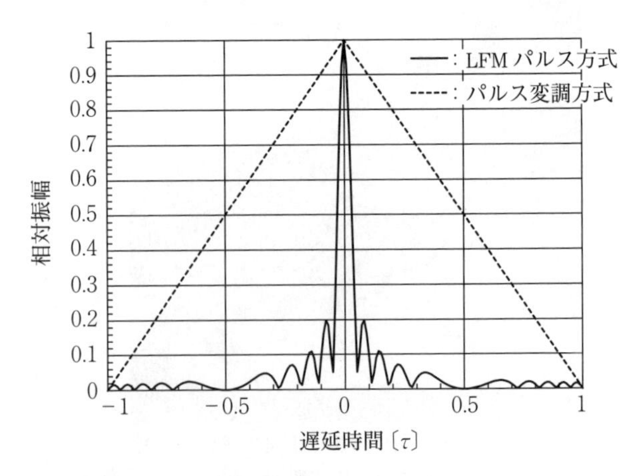


**図 4.25** LFM パルスのレンジプロファイル（$\beta\tau=20$）

$$t \approx \frac{\tau}{2}\left\{1-\left(1-\frac{2}{\beta\tau}\right)\right\}=\frac{1}{\beta} \tag{4.92}$$

これより，距離分解能 $\varDelta R$〔m〕は式 (4.93) のように求めることができる。

$$\varDelta R=\frac{c}{2\beta} \tag{4.93}$$

すなわち，LFM パルスの距離分解能は変調帯域幅 $\beta$ の逆数で決まり，距離分解能を小さくするためには変調帯域幅を広くする必要があることがわかる。これは，パルス幅で距離分解能が決まるパルス変調方式との大きな違いであり，LFM パルスでは，パルス幅と距離分解能を独立して決めることができる特徴を有していることを意味している。

なお，マッチドフィルタにより距離分解能が小さくなる現象はパルスが短くなる印象を与える。このため，レーダ分野では fast time のマッチドフィルタ処理はパルス圧縮 (pulse compression) と呼ばれるのが一般的である。用語は異なるものの，基本的にはマッチドフィルタ処理と等価である。

### 4.5.5　LFM パルス信号のドップラー応答とレンジドップラーカップリング

図 4.24 において $t=0$ とし，ドップラー周波数 $f_D$ を変化させたときの特性は，マッチドフィルタにドップラー周波数の不整合があるときの出力応答であり，これは式 (4.88) より式 (4.94) となる。

$$A'(0,\ f_D)=\tau\left|\frac{\sin(\pi f_D\tau)}{\pi f_D\tau}\right| \tag{4.94}$$

これはパルス変調のときの式 (4.53) とまったく同じである。ところが，LFM パルスの場合には，ドップラー周波数に不整合があった場合に，本来の遅延時間 ($t=0$) 以外で大きなピークが現れることが図 4.24 からわかる。この現象はレンジドップラーカップリングと呼ばれる。

レンジドップラーカップリングを視覚的にとらえるため，$f_D=0$，1.5，3〔$1/\tau$〕の場合のレンジプロファイルを**図 4.26** に示す。図 4.26 では，比較のためパルス変調のときのレンジプロファイルも示す。これより，パルス変調では，ドップラー周波数の不整合が大きくなるにつれ，振幅値が大幅に小さくな

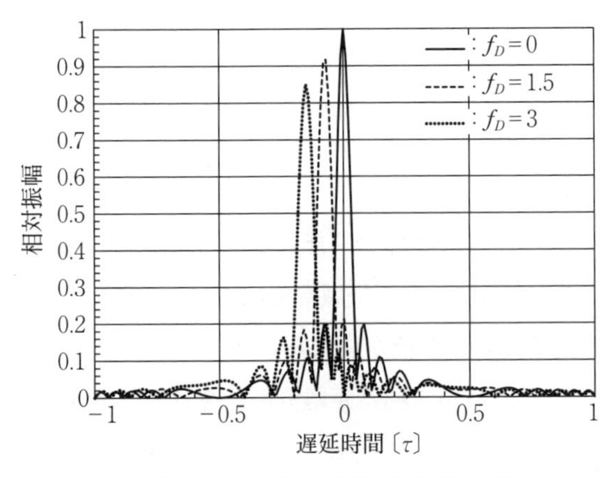


（a） LFM パルス変調方式（$\beta\tau=20$）

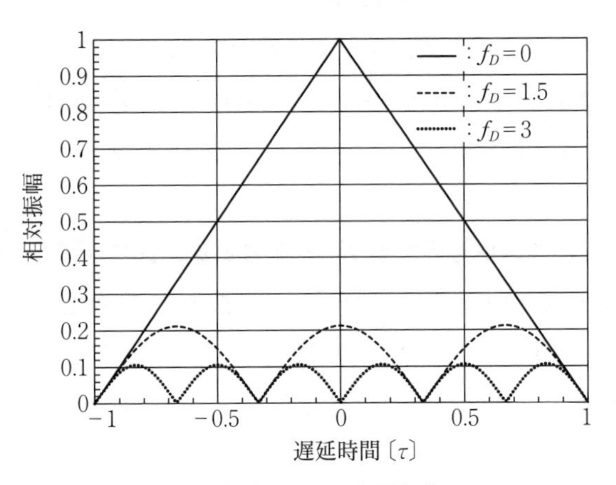


（b） パルス変調方式

**図 4.26**　ドップラー周波数に不整合があるときのレンジプロファイル

り検出そのものが困難になるであろうことがわかる。一方，LFM パルスでは，ドップラー周波数の不整合が大きくなるにつれてレンジがずれるものの，振幅値はパルス変調に比べて一定量維持できており，目標検出がまったくできなくなるということにはならないことがわかる。一般的に，LFM パルスが“ドップラー耐性のある”変調方式と呼ばれるのは，このレンジドップラーカップリングによる。このため，移動目標を対象とするレーダでは，LFM パルスは最も一般的に用いられている方式である。

ドップラー周波数の不整合と遅延時間のずれは，式(4.88)の sinc 関数の引数が 0 となる条件から式(4.95)のように求めることができる。

$$f_D\tau+\beta t=0 \tag{4.95}$$

これより，ドップラー周波数の不整合があった場合に，マッチドフィルタ出力がピークとなる遅延時間 $t$ は式(4.96)となる。

$$t=-\frac{\tau f_D}{\beta}=-\frac{f_D}{\alpha} \tag{4.96}$$

ここに，$\alpha$ は式(4.75)で示したように変調レート（チャープレート）である。

これより，ドップラー周波数の不整合が大きくなるに従い，遅延時間のずれが大きくなることがわかる。また，変調レートが大きくなるにつれ遅延時間のずれが小さくなることがわかる。さらに，チャープレートの正負により遅延時間の正負が決まることにも注意する必要がある。例えば，ドップラー周波数が正で目標がレーダに近づいているとすれば，アップチャープの場合には本来の位置から手前側にピークが発生する。逆に，ダウンチャープの場合には本来の位置から奥行き方向にピークが発生する。このため，アップチャープ，ダウンチャープそれぞれの距離測定結果を平均することにより本来の位置を求めることもできる。ただし，それぞれで必ず目標検出することができるとは限らないので，実用上はレンジドップラーカップリングの影響を考慮に入れたうえで，所望の距離測定精度を満足するように変調帯域幅を決めることが行われることも多い。

### 4.5.6　LFM パルスのマッチドフィルタ処理後の信号対雑音電力比とパルス圧縮利得

マッチドフィルタ処理後の SNR は式(4.41)で与えられ，尖頭電力やパルス幅が一致していれば，変調方式によらないことが確かめられている。したがって，LFM パルスにおいてもマッチドフィルタ処理後の SNR は式(4.97)で求められる。

$$SNR = \frac{P_r \tau}{{\sigma_w}^2} \tag{4.97}$$

ここに，$P_r$ はパルス内の受信信号電力〔W〕，$\tau$ はパルス幅〔s〕，${\sigma_w}^2$ は周波数領域での雑音電力密度〔W/Hz〕である。

これからわかるように，マッチドフィルタ処理後の SNR は，LFM パルスの信号帯域幅 $\beta$ に依存しないことがわかる。一方，信号帯域幅 $\beta$ の信号を受信するためには受信機の帯域幅は $\beta$ 以上必要であり，3.2 節での解説によれば雑音電力は $\beta$ に比例するはずである。すなわち，SNR は $\beta$ に反比例することになるが，式 (4.97) はそうなっていない。一見矛盾するように感じるが，これは式 (4.97) を式 (4.98) のように変形することにより理解を進めることができる。

$$SNR = \frac{P_r}{{\sigma_w}^2 \beta} \cdot \beta\tau \tag{4.98}$$

これより，右辺の左側部分はマッチドフィルタ前の SNR を表しており，周波数帯域幅 $\beta$ に反比例する形となっている。一方，右辺の右側の $\beta\tau$ はマッチドフィルタによる信号処理利得として解釈することができる。この信号利得はパルス圧縮利得あるいは BT 比とも呼ばれる。なお，パルス変調方式の場合には，4.4.4 項での解説により周波数帯域は $1/\tau$ であるので，パルス圧縮利得は 1 である。

また，パルス変調方式の距離分解能 (式 (4.51)) と LFM パルスの距離分解能 (式 (4.93)) を比較すると，LFM パルスの距離分解能は，パルス圧縮利得の逆数分だけ小さくなっていることがわかる。直観的な表現をするならば，マッチドフィルタ，すなわちパルス圧縮により信号電力を目標遅延時間に集中させて信号処理利得を得たと解釈することもできる。

## 4.6　レーダの変調方式 (3)：符号位相変調パルス方式

パルス変調方式での課題であった探知距離と距離分解能の相反関係を解決す

る手段として，4.5 節では線形周波数変調（LFM）パルス方式を解説した。LFM パルス変調方式は，送信信号の周波数をパルス内で線形に変調するものであった。一方，4.1.3 項で述べた周波数変調と位相変調の同一性により，パルス内の位相変調によっても LFM と同様に探知距離と距離分解能の相反関係を解決できることが容易に予想される。実際に，さまざまな位相変調パルス方式が提案されている[42)]。

ここでは，レーダで一般的な位相変調方式として，パルス内で特定の符号系列に従って離散的に位相変調を行う方式をいくつか解説する。符号系列による位相変調ということで，無線通信におけるスペクトル拡散変調との類似性を指摘することができる。

### 4.6.1　2 値位相変調：バーカー符号による位相変調

この方式は，パルス内において搬送波位相を 0 もしくは $\pi$ の 2 位相値に離散的に変化させる方式である。位相変化の系列としてレーダで最も一般的なものは，バーカー符号系列を用いる方式であり，詳細を以下に述べる。

**図 4.27** に符号長 13，すなわち 13 ビットバーカー符号系列による位相変調パルスを示す。図 4.27 において，$\tau$ は全パルス幅〔s〕，$\tau_c$ は各符号に対応したサブパルス幅〔s〕であり，＋ は位相 0，－ は位相 $\pi$ を表す。また，グラフの横軸はサブパルス幅 $\tau_c$ で規格化した遅延時間である。

一般的に，符号長 $N$ の符号位相変調パルス信号を等価ベースバンド系で数式表現すると以下のようになる。

$$y(t)=\sum_{n=0}^{N-1} y_n(t-n\tau_c) \tag{4.99}$$

$$y_n(t)=\begin{cases} e^{j\phi_n} & (0\leq t\leq \tau_c) \\ 0 & (\text{otherwise}) \end{cases} \tag{4.100}$$

ここに，$\phi_n$ は $n$ 番目の符号に対する位相値である。バーカー符号の場合には，$\phi_n$ は 0 あるいは $\pi$ の 2 位相値であり，**表 4.1** に示す位相系列となる。

バーカー符号系列による位相変調方式の特徴の一つは，マッチドフィルタ出

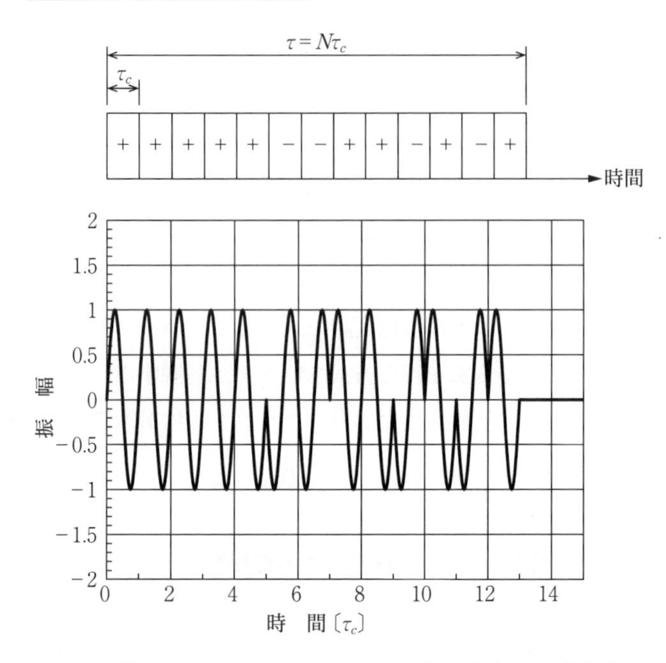


**図 4.27**　符号長 13（13 ビット）のバーカー符号系列による位相変調パルス

**表 4.1**　バーカー符号

| 符号長 $N$ | 符号系列 | サイドローブレベル〔dB〕 |
|---|---|---|
| 2 | ＋− | −6.0 |
| 2 | ＋＋ | −6.0 |
| 3 | ＋＋− | −9.5 |
| 4 | ＋＋−＋ | −12.0 |
| 4 | ＋＋＋− | −12.0 |
| 5 | ＋＋＋−＋ | −14.0 |
| 7 | ＋＋＋−−＋− | −16.9 |
| 11 | ＋＋＋−−−＋−−＋− | −20.8 |
| 13 | ＋＋＋＋＋−−＋＋−＋−＋ | −22.3 |

力のピーク値，すなわちパルス圧縮利得が符号長 $N$ となることである。もう一つの特徴は，マッチドフィルタ出力の最大サイドローブが 1 となることである。例えば，13 ビットのバーカー符号位相変調信号のマッチドフィルタ出力

を**図 4.28** に示す。図 4.28 において，横軸はサブパルス幅 $\tau_c$ で規格化した遅延時間，縦軸は振幅値（真値）である。これより，ピーク値が 13 に対してサイドローブは 1 となっていることがわかる。このように，バーカー符号位相変調信号のマッチドフィルタ出力の最大サイドローブレベルは $1/N$ となる。最大サイドローブレベルを dB 表記したものを表 4.1 に併記する。

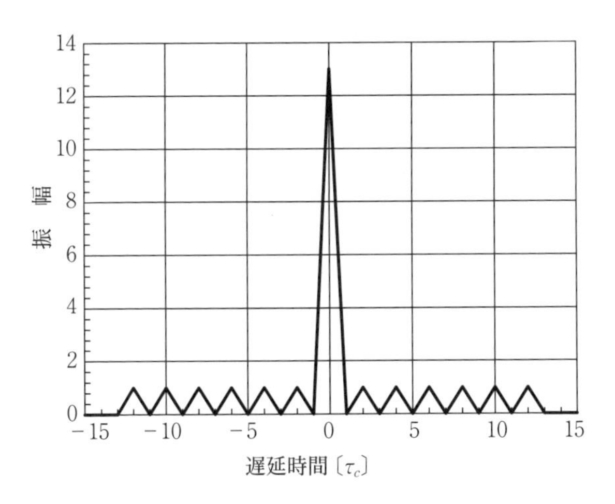


**図 4.28**　13 ビットバーカー符号位相変調信号のマッチドフィルタ出力

また，図 4.28 からもわかるように，バーカー符号位相変調方式ではサブパルス幅 $\tau_c$ まで距離分解能が向上する。すなわち，距離分解能 $\Delta R$〔m〕は式 (4.101) で与えられる。

$$\Delta R = \frac{c\tau_c}{2} = \frac{c\tau}{2N} \tag{4.101}$$

このように，バーカー符号位相変調方式では，符号長が長くなるにつれ，距離分解能向上と低サイドローブ化が可能となる。しかし，バーカー符号は，符号長 13 よりも長いものが存在しないことが知られている。このため，距離分解能向上や低サイドローブレベル化に限界があることが欠点である。

### 4.6.2 バーカー符号位相変調信号の周波数スペクトル

13 ビットバーカー符号位相変調信号の周波数スペクトルの例を**図 4.29** に示す。図 4.29 には，同じパルス幅 $\tau$ のパルス変調方式の周波数スペクトルも併記している。

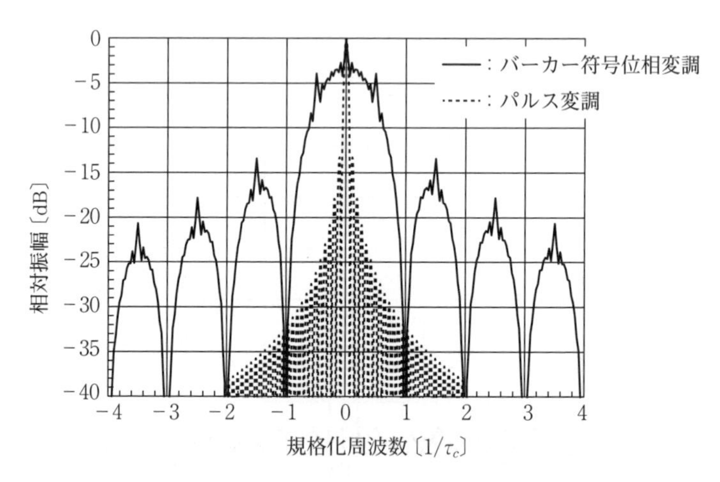


**図 4.29**　13 ビットバーカー符号位相変調信号の周波数スペクトル

搬送波位相の切り替えタイミングの違いにより若干変わることがあるものの，図 4.29 はバーカー符号位相変調信号の周波数スペクトルの特徴をよく表している。すなわち，単純なパルス変調方式と比べると，周波数帯域が拡大していることがわかる。具体的には，周波数帯域幅はパルス変調方式と比べて $N$ 倍（符号長倍）になる。これは無線通信におけるスペクトル拡散変調方式と同じ効果である。

なお，4.4.2 項で述べたように，バーカー符号位相変調信号のマッチドフィルタ処理後の SNR も式 (4.102) で求められる。

$$SNR=\frac{P_r\tau}{{\sigma_w}^2} \tag{4.102}$$

ここに，$P_r$ はパルス内の受信信号電力〔W〕，$\tau$ はパルス幅〔s〕，${\sigma_w}^2$ は周波数領域での雑音電力密度〔W/Hz〕である。

これは，パルス変調方式と同じである。周波数帯域幅が $N$ 倍になっても

SNR が変わらないのは，$N$ 倍のパルス圧縮利得が得られるためであると解釈することができる。

### 4.6.3 バーカー符号位相変調信号のアンビギュイティ関数

バーカー符号位相変調信号に対しても，式(4.54)によりアンビギュイティ関数を定義することができる。符号位相変調方式は LFM パルスのように解析的な表現を得ることはできないが，13 ビットバーカー符号位相変調信号に対して，定義式に基づきアンビギュイティ関数を計算した結果を**図 4.30** に示す。図 4.30 において，横軸はドップラー周波数 $f_D$ であり，$1/\tau$ を単位としている。縦軸は遅延時間 $t$ であり，パルス幅 $\tau$ を単位としている。コンターは最大値で規格化し，−32〜0 dB まで 2 dB 単位で図示している。

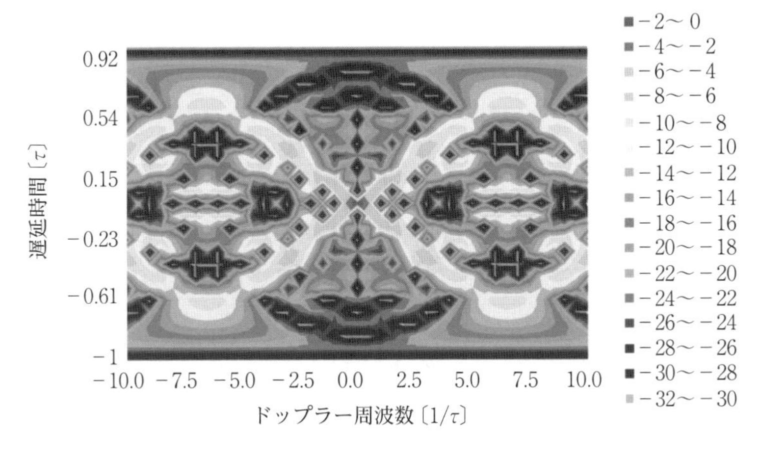


**図 4.30**　13 ビットバーカー符号位相変調信号のアンビギュイティ関数

図 4.30 より，バーカー符号位相変調信号の場合，LFM パルスで見られたレンジドップラーカップリングのような特性を示すことはなく，ドップラー周波数の不整合による劣化量がかなり大きいことがわかる。これを視覚的にとらえるため，$f_D$=0，1.5，3〔$1/\tau$〕の場合のレンジプロファイルを**図 4.31** に示す。また，図 4.31 には，比較対象として，同じ距離分解能（すなわちパルス圧縮利得）が得られる $\beta\tau$=13 の LFM パルスによるレンジプロファイルも示す。

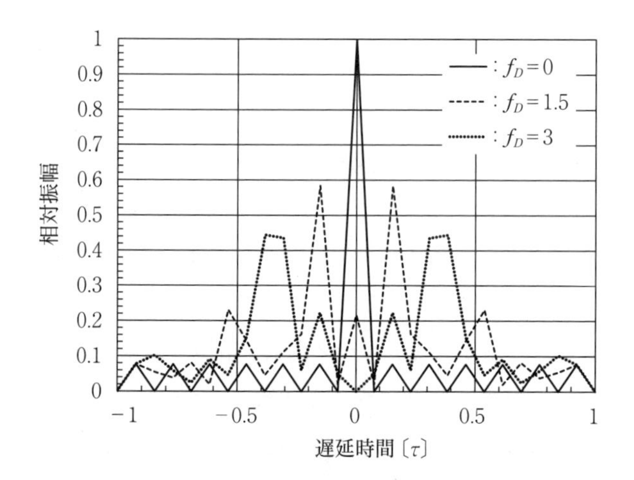


（a）バーカー符号位相変調信号（13 ビットバーカー）

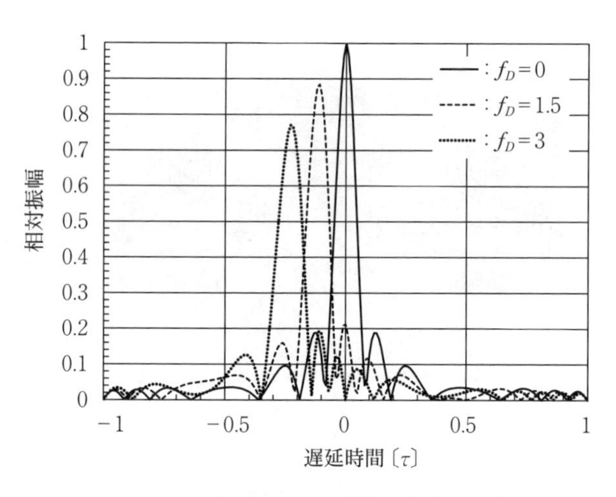


（b）LFM パルス変調方式（$\beta\tau=13$）

**図 4.31**　ドップラー周波数に不整合があるときのレンジプロファイル

これより，LFM パルスでは，ドップラー周波数の不整合により信号ピークのレンジがずれるが，目標検出がまったくできなくなるということにはならない。一方，バーカー符号位相変調では，振幅低下が大きく，かつ信号ピークが二つに分かれるため，正確な目標検出が非常に困難になることがわかる。一般的に，レーダにおいて，2値位相変調が“ドップラー耐性がない”変調方式と呼ばれるのは，このような特性によるものである。

### 4.6.4 多値位相変調方式

4.6.3項で見たように，バーカー符号をはじめとした$0/\pi$の2値位相変調方式はドップラー耐性がない。これを解決するために，多値の位相値をとる符号系列が提案されている[16),42)]。これらの方式のうち，位相値をLFMと関連づけることにより，LFMと同様なドップラー耐性を得る符号系列として，フランク符号，P3符号，P4符号がある。

フランク符号では，符号長を$N=M^2$として，$n$番目の位相値を式(4.103)で与える。

$$\text{フランク符号：}\phi_n=\frac{2\pi}{M}pq \tag{4.103}$$

ここに，$p$，$q$は0から$M-1$の整数である。

P3符号，P4符号の位相値は，それぞれ式(4.104)，(4.105)で与えられる。

$$\text{P3符号：}\phi_n=\begin{cases}\dfrac{\pi}{N}n^2 & (N\text{：奇数})\\[2ex] \dfrac{\pi}{N}n(n+1) & (N\text{：偶数})\end{cases} \tag{4.104}$$

$$\text{P4符号：}\phi_n=\frac{\pi}{N}n^2-\pi n \tag{4.105}$$

ここに，$n$は0から$N-1$の整数である。

16ビットのフランク符号，P3符号，P4符号による位相値を**図4.32**に示す[†6]。これからわかるように，フランク符号は部分的に線形変化する位相分布となっているが，おおむね2次関数的な位相変化をしている。また，P3符号，P4符号は2次関数の位相変化をする。このような2次関数の位相変化はLFMと基本的には同じであり，これによりLFMと同様なドップラー耐性が

†6 フランク符号の場合，$n=10$以上のとき360°の整数倍を加算していることに注意されたい。

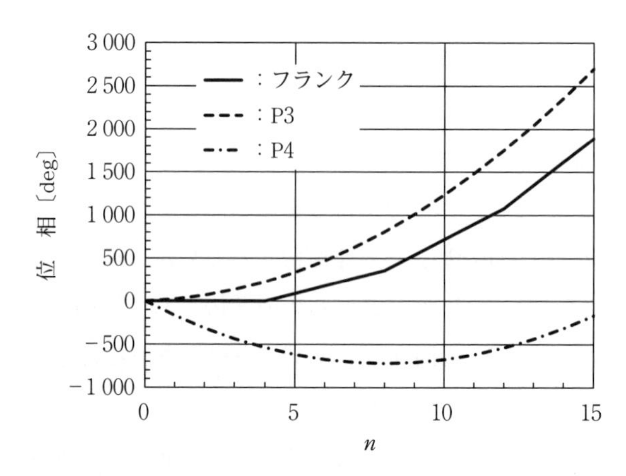


**図 4.32**　16 ビットフランク，P3，P4 符号による位相値

得られることが理解できる。

# 5. 信　号　検　出

無線通信，レーダともに，不要信号が存在する中で所望信号を検出する必要がある。ここで，不要信号とは，受信系熱雑音，マルチパス波，他システムから干渉波や妨害波などである。レーダの場合には，これらに加えて，地形などの目標以外からの反射波，すなわちクラッタがある。これらの不要信号は不規則に変動し，確率密度関数によりモデル化することができる。例えば，受信系熱雑音であれば，その確率密度は複素ガウス分布に従うことが知られている。クラッタは対象によって変わるが，複素ガウス分布（すなわち，電圧包絡線はレイリー分布）やワイブル分布などのさまざまな確率密度関数でモデル化することができる[43)]。したがって，所望信号の検出性能は決定論的に評価することはできず，確率理論によって扱われる。

無線通信の場合には，所望信号と不要信号がともに常時存在する状況を想定し，検出性能は，所望信号が誤って検出される確率が評価される。ディジタル無線通信の場合，これは所望信号のシンボルが別のシンボルとして検出される確率であり，シンボル誤り率と呼ばれる。

一方，レーダの場合には，不要信号のみが存在する状況と，所望信号と不要信号が存在する状況の二つを想定する。前者の状況下，すなわち不要信号のみが存在する状況下では，不要信号が誤って所望信号として検出される確率が評価され，これは誤警報確率と呼ばれる。誤警報確率は，レーダが対象としている目標が存在しないにもかかわらず，目標が存在すると誤る確率である。一方，後者の状況下，すなわち所望信号と不要信号が存在する状況下では，所望信号が検出される確率が評価され，これは検出確率と呼ばれる。検出確率は，レーダが対象としている目標を探知できる確率である。

本章では，まずディジタル無線通信におけるシンボル誤り率を概観したのち，レーダにおける誤警報確率および検出確率の理論を解説する。

## 5.1 ディジタル無線通信における信号検出

本節では，レーダにおける信号検出を理解するための前段階として，ディジタル無線通信での BPSK (binary phase shift keying) 変調時のシンボル誤り率を解説する[34)†1]。

### 5.1.1 熱雑音によるシンボル誤り率

BPSK 変調の場合のシンボル配置は**図 5.1**（a）のようになり，シンボル間距離は式 (4.20) に $M=2$ を代入して式 (5.1) のようになる。

$$d_{12}=2A_0 \tag{5.1}$$

ここに，$A_0$ は受信した所望信号の振幅である。

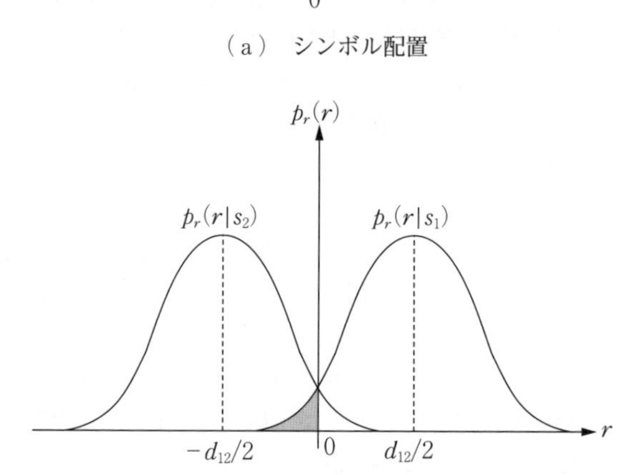


**図 5.1** BPSK 変調のシンボル配置と確率密度関数

†1 検波方式によりシンボル誤り率が変わるが，ここでは搬送波の位相同期がとれているとして同期検波を想定する。

冒頭で述べたように，無線通信の場合には所望信号と不要信号がともに常時存在する状況を想定するので，シンボル1 ($s_1$) を送信したときの受信信号 $r$ は式 (5.2) で表すことができる。

$$r = s_1 + w \tag{5.2}$$

ここに，$w$ は不要信号である。

無線通信では，おもな不要信号として受信系熱雑音を想定するため，不要信号は複素ガウス分布に従うものとする。すなわち，不要信号の実部／虚部は，それぞれの平均0，分散 $\sigma_w{}^2/2$ のガウス分布に従うものとする。つまり，不要信号のトータルの平均電力は $\sigma_w{}^2$ であるとする。したがって，BPSK 変調の場合，$w$ は不要信号の実部のみ考えればよいので，その確率密度関数は式 (5.3) となる。

$$p_w(w) = \frac{1}{\sqrt{\pi}\sigma_w} e^{-w^2/\sigma_w{}^2} \tag{5.3}$$

式 (5.2)，(5.3) より，受信信号 $r$ の確率密度関数は式 (5.4) となる。

$$p_r(r|s_1) = \frac{1}{\sqrt{\pi}\sigma_w} e^{-(r-d_{12}/2)^2/\sigma_w{}^2} \tag{5.4}$$

同様に，シンボル2 ($s_2$) を送信したときの受信信号 $r$ の確率密度関数は式 (5.5) となる。

$$p_r(r|s_2) = \frac{1}{\sqrt{\pi}\sigma_w} e^{-(r+d_{12}/2)^2/\sigma_w{}^2} \tag{5.5}$$

式 (5.4)，(5.5) を図示すると図5.1 (b) のようになる。これからわかるように，例えば，$s_1$ を送信したときに $s_2$ を受信したと誤る確率は，図5.1 (b) の斜線部の面積となる。すなわち，式 (5.6) で求めることができる[34)]。

$$\begin{aligned}
P_e(e|s_1) &= \int_{-\infty}^{0} p_r(r|s_1)\,dr \\
&= \frac{1}{\sqrt{\pi}\sigma_w}\int_{-\infty}^{0} \exp\left[-\frac{(r-d_{12}/2)^2}{\sigma_w{}^2}\right] dr \\
&= \frac{1}{\sqrt{\pi}}\int_{d_{12}/2\sigma_w}^{\infty} e^{-t^2}\,dt
\end{aligned}$$

$$=\frac{1}{2}\mathrm{erfc}\left(\frac{d_{12}}{2\sigma_w}\right) \tag{5.6}$$

ここに，erfc(−) は相補誤差関数であり，式 (5.7) で定義される。

$$\mathrm{erfc}(x)=\frac{2}{\sqrt{\pi}}\int_x^{\infty}e^{-t^2}dt \tag{5.7}$$

BPSK 変調のシンボル間距離が式 (5.1) で与えられることを考えると，式 (5.6) は以下のようになる。

$$P_e(e|s_1)=\frac{1}{2}\mathrm{erfc}\left(\frac{A_0}{\sigma_w}\right)=\frac{1}{2}\mathrm{erfc}(\sqrt{\chi}) \tag{5.8}$$

ここに，$\chi$ は SNR である。

また，$s_2$ を送信したときに $s_1$ を受信したと誤る確率も同じ式となる。$s_1$，$s_2$ の生起確率は等しいので，式 (5.8) より最終的なシンボル誤り率は式 (5.9) となる。

$$P_e=\frac{1}{2}P_e(e|s_1)+\frac{1}{2}P_e(e|s_2)$$

$$=\frac{1}{2}\mathrm{erfc}(\sqrt{\chi}) \tag{5.9}$$

なお，BPSK 変調は 1 ビットの情報を伝送するので，シンボル誤り率＝ビット誤り率である。

### 5.1.2　フェージング環境下でのシンボル誤り率

移動通信のような電波伝搬環境では，フェージングにより SNR が時間的に変動する。ここでは，レイリーフェージング環境下における BPSK 変調のシンボル誤り率を解説する。

レイリーフェージング環境下では，SNR $\chi$ は以下の指数分布に従って変動する[34)]。

$$p_\chi(\chi)=\frac{1}{\bar{\chi}}e^{-\chi/\bar{\chi}} \tag{5.10}$$

ここに，$\bar{\chi}$ は平均 SNR である。

したがって，レイリーフェージング環境下における BPSK 変調のシンボル誤り率の平均値は，式(5.9)を$\chi$に関して周辺化することにより式(5.11)で求められる(詳細な導出は付録C参照)。

$$\bar{P}_e=\int_0^\infty P_e(\chi)p_\chi(\chi)d\chi$$
$$=\frac{1}{2}\left(1-\sqrt{\frac{\bar{\chi}}{1+\bar{\chi}}}\right) \tag{5.11}$$

レイリーフェージングを考慮した場合とフェージングを考慮しない場合，それぞれのBPSK変調のシンボル誤り率を**図5.2**に示す。これより，フェージング環境下では，同じSNRでもシンボル誤り率が劣化することがわかる。

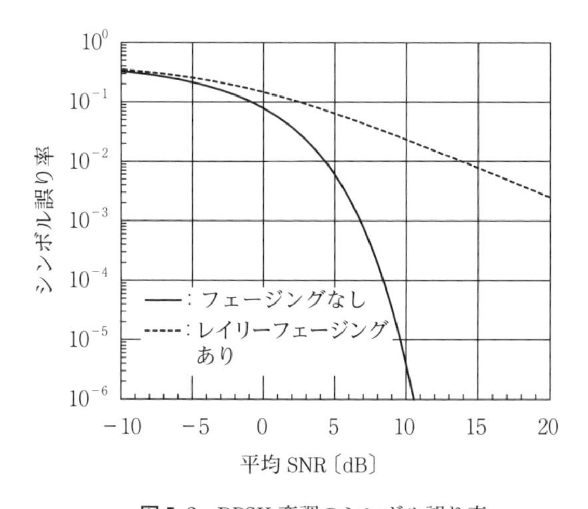


**図5.2**　BPSK変調のシンボル誤り率

以上のようなSNRの変動による信号検出性能の劣化は，レーダにおける信号検出でも同様である。詳細は5.4節で解説する。

## 5.2　レーダにおける信号検出の概要

本書で想定する信号検出のブロック図を**図5.3**に示す。図5.3中の受信信号系列はfast timeの信号系列であり，マッチドフィルタ処理は4.4.2項で述べた処理に相当する。図5.3に示すように，マッチドフィルタの出力信号(複素

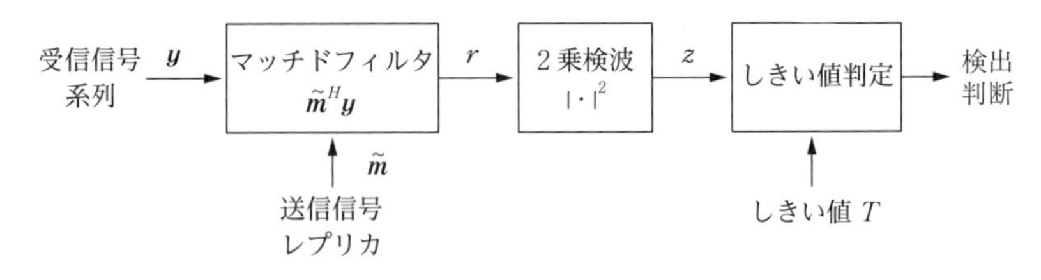


**図 5.3**　レーダの信号検出ブロック図の例

数）の振幅2乗値，すなわち電力値 $z$ がしきい値判定に供され，その大小により信号の有無，すなわち目標の有無が判定される†2。なお，ここでは，マッチドフィルタ出力の電力値を用いる2乗検波を想定しているが，電圧値を用いる線形検波や対数化する対数検波の場合もある[7), 43)]。

冒頭で述べたように，レーダでは以下の二つの仮説を想定する。

（1）　不要信号のみが存在する場合

（2）　所望信号と不要信号が存在する場合

（1），（2）の仮説をそれぞれ $H_0$，$H_1$ として表す。また，しきい値判定に供される信号 $z$ が従う確率密度関数は仮説 $H_0$，$H_1$ により異なり，ここでは，その確率密度関数をそれぞれ $p_z(z|H_0)$，$p_z(z|H_1)$ で表す。なお，このように仮説（1）および（2）に基づく信号検出は一般的にネイマン・ピアソン規範と呼ばれ，文献44）において理論的背景や一般論が詳細に解説されている。興味のある読者は参考にされたい。

図5.3のしきい値判定は，$z$ がしきい値 $T$ よりも大きい場合には目標があると判定し，しきい値 $T$ よりも小さい場合には目標がないと判定する処理である。仮説（1）において，しきい値を超える場合，それは不要信号によるものであり，目標が存在しないにもかかわらず存在すると誤ることになる。したがって，仮説（1）において信号を検出する確率は誤警報確率と呼ばれる。一方，仮説（2）において，しきい値を超える場合には，目標が存在しているこ

†2　図4.7の信号処理ブロック図では，マッチドフィルタ後に slow time フーリエ変換処理があるが，ここでは省略している。Slow time フーリエ変換は，SNR 向上のコヒーレント積分に相当するため，以下の解説では SNR に含めて考える。

とを正しく検出できることになる。したがって，仮説（2）において，信号を検出する確率は検出確率と呼ばれる。誤警報確率 $P_{FA}$，検出確率 $P_D$ は，それぞれの信号の確率密度関数 $p_z(z|H_0)$，$p_z(z|H_1)$ をもとに式(5.12)，(5.13)で求めることができる

$$P_{FA}=\int_T^{\infty} p_z(z|H_0)\,dz \tag{5.12}$$

$$P_D=\int_T^{\infty} p_z(z|H_1)\,dz \tag{5.13}$$

これを図示したのが**図5.4**である。横軸は変数 $z$，縦軸は各確率密度関数を表している。図5.4において，グレーでハッチングした面積が誤警報確率に相当し，斜線（グレーのハッチング含む）が検出確率に相当する。図5.4より，確率密度関数が変わらなければ，しきい値の設定により誤警報確率と検出確率の増減は連動することがわかる。すなわち，誤警報確率を下げるためにしきい値を上げると検出確率も下がることになる。逆に，検出確率を上げるためにしきい値を下げると誤警報確率も上がることになる。

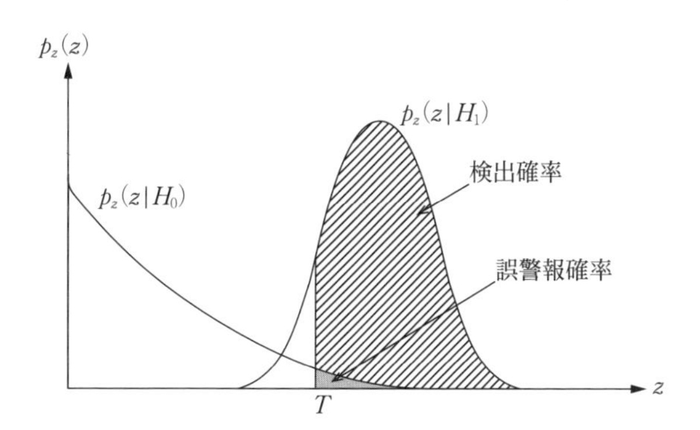


**図5.4**　レーダ受信信号の確率密度関数の例

一般的に，レーダでは，システム運用の制約条件などから，誤警報確率の所望値が決められる。この誤警報確率と仮説（1）の確率密度関数 $p_z(z|H_0)$ をもとに，所望の誤警報確率を実現するしきい値 $T$ を式(5.12)から求めることができる。しきい値 $T$ が決まると式(5.13)から検出確率が決まるが，検出確率

もシステム設計パラメータである。したがって，所望の検出確率を実現するためには，仮説（2）の確率密度関数 $p_z(z|H_1)$ をなんらかの手段で変えること（設計）が必要である。

例えば，誤警報確率を一定，すなわちしきい値を一定としたとき，検出確率を上げるためには以下の二つの方法がある。

（A） 確率密度関数 $p_z(z|H_1)$ の平均値を大きくする。

（B） 確率密度関数 $p_z(z|H_1)$ の広がり（分散）を抑圧する。

それぞれの方法による確率密度関数の変化の様子を**図 5.5** に示す。

図 5.5（a）は上記（A）の場合であり，これは SNR を改善することにほか

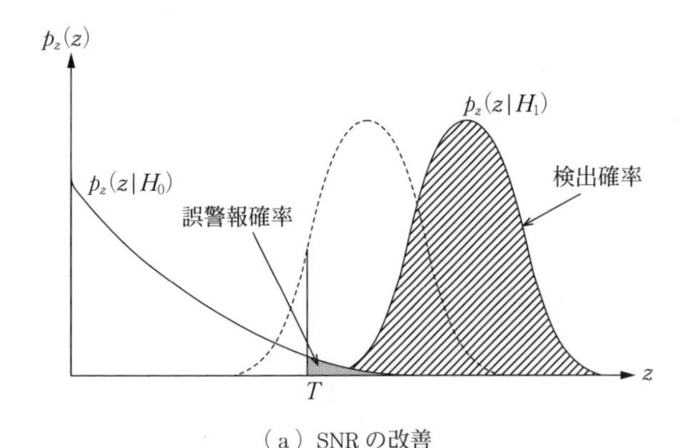


（a） SNR の改善

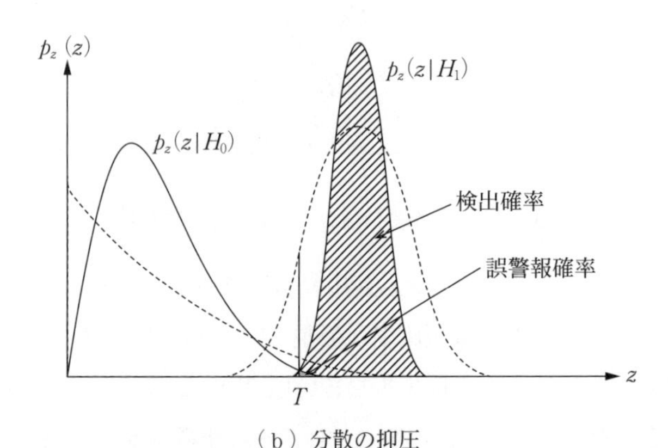


（b） 分散の抑圧

**図 5.5**　検出確率向上の方法

ならない。具体的な方法としては，4.4.9項で述べたslow time信号処理などのコヒーレント積分が該当する。コヒーレント積分の場合には単純にSNRが積分数だけ向上するだけなので，以下の解説におけるSNRを積分後のSNRとして扱えばよい。

図5.5(b)は上記(B)の場合である。具体的な方法としては，複数の受信信号をノンコヒーレントで積分する処理が該当する。ノンコヒーレント積分の場合の確率密度関数の変化については，5.3.3項で述べる。

## 5.3 複素ガウス分布不要信号に対する誤警報確率と変動のない目標の検出確率

5.2節で述べたように，仮説(1)における信号の確率密度関数と誤警報確率からしきい値が算出され，仮説(2)における信号の確率密度関数としきい値から検出確率が求められる。このため，各仮説の信号に対してなんらかの確率密度関数を想定する必要がある。ここでは，最も基本的なケースとして，目標からの反射波，すなわち所望信号に変動がなく一定であり，かつ不要信号が複素ガウス分布に従う場合を考える。

確率密度関数が複素ガウス分布となる不要信号としてよく知られているのは受信系熱雑音であるが，レーダではクラッタも該当する場合がある。クラッタは地形などのさまざまな不要反射源からの反射波が合成されたものであり，その振幅と位相は一般的にはランダムとみなすことができる。したがって，これらの反射波が合成された複素信号の実部および虚部は，それぞれ中心極限の定理によりガウス分布に従うと考えることができる。ただし，電力的には，受信系熱雑音よりクラッタのほうが大きいことを考えると，レーダにおける信号検出で想定する不要信号は，むしろクラッタを想定していると考えたほうがよい[†3]。いずれにしても，不要信号が複素ガウス分布に従うものとし，以下で

†3 この点については、受信系熱雑音をおもな不要信号として想定する無線通信の信号検出と考え方が異なり，はじめての場合には混乱するかもしれない。

は誤警報確率と検出確率を具体的に求める。なお，不要信号の実部／虚部，それぞれの平均は0，分散は $\sigma_w{}^2/2$ とする。したがって，不要信号のトータルの平均電力は $\sigma_w{}^2$ である。

まず，図5.3中の受信信号系列を式(5.14)のような列ベクトルで定義する。

$$\boldsymbol{y} \equiv [y_0 \ldots y_{N-1}]^T \tag{5.14}$$

また，マッチドフィルタ係数も式(5.15)のような列ベクトルで定義する。

$$\tilde{\boldsymbol{m}} \equiv [\tilde{m}_0 \ldots \tilde{m}_{N-1}]^T \tag{5.15}$$

これより，マッチドフィルタ出力の電圧値 $r$ および電力値 $z$ は式(5.16)，(5.17)で表される。

$$r = |\tilde{\boldsymbol{m}}^H \boldsymbol{y}| \tag{5.16}$$

$$z = |\tilde{\boldsymbol{m}}^H \boldsymbol{y}|^2 \tag{5.17}$$

### 5.3.1　誤警報確率としきい値の関係

仮説(1)を想定し，誤警報確率としきい値の関係を導く。仮説(1)の受信信号系列は不要信号のみとなるため，不要信号ベクトル $\boldsymbol{w}$ を式(5.14)と同様に定義すると，マッチドフィルタ出力は式(5.18)で表すことができる。

$$\tilde{\boldsymbol{m}}^H \boldsymbol{y} = \tilde{\boldsymbol{m}}^H \boldsymbol{w} \tag{5.18}$$

不要信号は複素ガウス分布に従うので，式(5.18)で与えられるマッチドフィルタ出力も複素ガウス分布になる。マッチドフィルタ係数と不要信号の間に相関がないことを考えると，不要信号のマッチドフィルタ出力の平均値は0になる。一方，不要信号のマッチドフィルタ出力の分散は式(4.32)から式(5.19)で求められる。

$$\begin{aligned}\mathrm{var}(r) &= \sum_{n=0}^{N-1} \mathrm{var}(\tilde{m}_n{}^* w_n) \\ &= \sum_{n=0}^{N-1} |\tilde{m}_n|^2 \sigma_w{}^2 \\ &= E\sigma_w{}^2\end{aligned} \tag{5.19}$$

ここに，$E$ はマッチドフィルタ出力の全エネルギーであり，式(4.40)に相当する。

式(5.19)はマッチドフィルタ出力の分散であるため，複素信号で考えると実部／虚部に均等に配分される。

以上により，仮説(1)のマッチドフィルタ出力の実部／虚部は，それぞれ平均0，分散$E\sigma_w{}^2/2$のガウス分布に従う。

信号が複素ガウス分布に従うとき，その電圧値の確率密度関数は，よく知られているようにレイリー分布となる(詳細な導出は付録D参照)。したがって，仮説(1)のマッチドフィルタ出力の電圧値$r$の確率密度関数は式(5.20)で求められる。

$$p_r(r|H_0)=\begin{cases}\dfrac{2r}{E\sigma_w{}^2}\exp\left(-\dfrac{r^2}{E\sigma_w{}^2}\right) & (r\geq 0)\\ 0 & (r<0)\end{cases} \tag{5.20}$$

しきい値判定に供する電力値は$z=r^2$なので，式(5.20)より$z$の確率密度関数は以下のような指数分布となる。

$$\begin{aligned}p_z(z|H_0)&=p_r(r|H_0)\frac{\partial r}{\partial z}\\&=\begin{cases}\dfrac{1}{E\sigma_w{}^2}\exp\left(-\dfrac{z}{E\sigma_w{}^2}\right) & (z\geq 0)\\ 0 & (z<0)\end{cases}\end{aligned} \tag{5.21}$$

式(5.12)，(5.21)より，しきい値を$T$としたときの誤警報確率は式(5.22)となる。

$$P_{FA}=\int_T^\infty\frac{1}{E\sigma_w{}^2}\exp\left(-\frac{z}{E\sigma_w{}^2}\right)dz=\exp\left(-\frac{T}{E\sigma_w{}^2}\right) \tag{5.22}$$

したがって，所望の誤警報確率$P_{FA}$が与えられたとき，これを実現するしきい値$T$は式(5.23)となる。

$$T=-E\sigma_w{}^2\ln P_{FA} \tag{5.23}$$

なお，導出過程からわかるように，式(5.23)のしきい値は，不要信号が複素ガウス分布に従う場合，すなわち電圧値ではレイリー分布に従う場合を想定している。これは，受信系熱雑音をはじめとして，同程度の複数の不要信号が不規則に合成されるクラッタに対して有効である。しかし，不要信号としてクラッタを想定する場合には，クラッタの種類によってはワイブル分布や $K$ 分布に従うことが知られており，このような場合には，その分布に応じてしきい値設定を変える必要がある[43)]。

### 5.3.2 検出確率としきい値の関係

仮説（2）を想定し，しきい値が与えられたときの検出確率を導く。仮説（2）の受信信号系列は所望信号と不要信号を足し合わせた信号になるため，所望信号ベクトル $\boldsymbol{m}$，不要信号ベクトル $\boldsymbol{w}$ を式 (5.14) と同様に定義すると，マッチドフィルタ出力は式 (5.24) となる。

$$\begin{aligned}\tilde{\boldsymbol{m}}^H \boldsymbol{y} &= \tilde{\boldsymbol{m}}^H \boldsymbol{m} + \tilde{\boldsymbol{m}}^H \boldsymbol{w} \\ &= E + \tilde{\boldsymbol{m}}^H \boldsymbol{w}\end{aligned} \tag{5.24}$$

ここに，$E$ はマッチドフィルタ出力の全エネルギーであり，式 (4.40) に相当する。また，右辺第 2 項は式 (5.18) と同じである。

したがって，仮説（2）のマッチドフィルタ出力の実部は平均 $E$，分散 $E\sigma_w{}^2/2$ のガウス分布に従い，虚部は平均 0，分散 $E\sigma_w{}^2/2$ のガウス分布に従う。このような分布に従う複素信号の電圧値の確率密度関数は，よく知られているように仲上・ライス分布となる（詳細な導出は付録 E 参照）。したがって，仮説（2）のマッチドフィルタ出力の電圧値 $r$ の確率密度関数は式 (5.25) で求められる。

$$p_r(r|H_1) = \begin{cases} \dfrac{2r}{E\sigma_w{}^2} \exp\left[-\dfrac{1}{E\sigma_w{}^2}(r^2+E^2)\right] I_0\left(\dfrac{2r}{\sigma_w{}^2}\right) & (r \geq 0) \\ 0 & (r < 0) \end{cases} \tag{5.25}$$

ここに，$I_0(-)$ は 0 次の変形ベッセル関数である。

これより，しきい値判定に供する電力値 $z$ の確率密度関数は式 (5.26) となる。

$$p_z(z|H_1) = p_r(r|H_1) \frac{\partial r}{\partial z}$$

$$=\begin{cases} \dfrac{1}{E\sigma_w{}^2}\exp\left[-\dfrac{1}{E\sigma_w{}^2}(z+E^2)\right]I_0\left(\dfrac{2\sqrt{z}}{\sigma_w{}^2}\right) & (z\geq 0) \\ 0 & (z<0) \end{cases} \tag{5.26}$$

したがって，しきい値 $T$ が与えられたときの検出確率 $P_D$ は，式 (5.13)，(5.26) より，式 (5.27) で求めることができる。

$$\begin{aligned} P_D &= \int_T^\infty \frac{1}{E\sigma_w{}^2}\exp\left[-\frac{1}{E\sigma_w{}^2}(z+E^2)\right]I_0\left(\frac{2\sqrt{z}}{\sigma_w{}^2}\right)dz \\ &= \int_{\sqrt{T}}^\infty \frac{2r}{E\sigma_w{}^2}\exp\left[-\frac{1}{E\sigma_w{}^2}(r^2+E^2)\right]I_0\left(\frac{2r}{\sigma_w{}^2}\right)dr \end{aligned} \tag{5.27}$$

ここで，式 (5.28) で定義されるマーカムの $Q$ 関数を用いる。

$$Q_M(\alpha,\gamma)=\int_\gamma^\infty t\exp\left[-\frac{1}{2}(t^2+\alpha^2)\right]I_0(\alpha t)\,dt \tag{5.28}$$

その結果，検出確率 $P_D$ は式 (5.29) で求めることができる。

$$P_D=Q_M\left(\sqrt{\frac{2E}{\sigma_w{}^2}},\sqrt{\frac{2T}{E\sigma_w{}^2}}\right) \tag{5.29}$$

式 (5.29) に，式 (4.40)，(5.23) を代入すると式 (5.30) を得る。

$$P_D=Q_M(\sqrt{2\chi},\sqrt{-2\ln P_{FA}}) \tag{5.30}$$

ここに，$\chi$ は信号対雑音電力比 SNR であり，式 (5.31) のように置いた。

$$\chi=SNR=\frac{E}{\sigma_w{}^2} \tag{5.31}$$

これより，SNR と誤警報確率 $P_{FA}$ が与えられれば，検出確率 $P_D$ を求めることができる。$P_{FA}$ をパラメータとしたときの SNR と $P_D$ の関係を**図 5.6** に示す。これより，例えば $P_{FA}=10^{-6}$，$SNR=10$ dB とすれば，検出確率は 0.25 程度になることがわかる。逆に，システム設計において $P_{FA}$ と $P_D$ を決めれば，この関係式から必要な SNR を導くことができる。例えば，$P_{FA}=10^{-6}$，$P_D=0.5$ を実現するのに必要な SNR は 11.3 dB 程度となる。必要な SNR が決まれば，2 章のレーダ方程式により探知距離や必要なハードウェア性能（送信電力，アンテナ利得，受信機雑音指数など）を決めることができる。

なお，本書では図 5.3 に示したように，2 乗検波による信号検出を想定した。冒頭で述べたように，このほか線形検波や対数検波の場合もあるが，これ

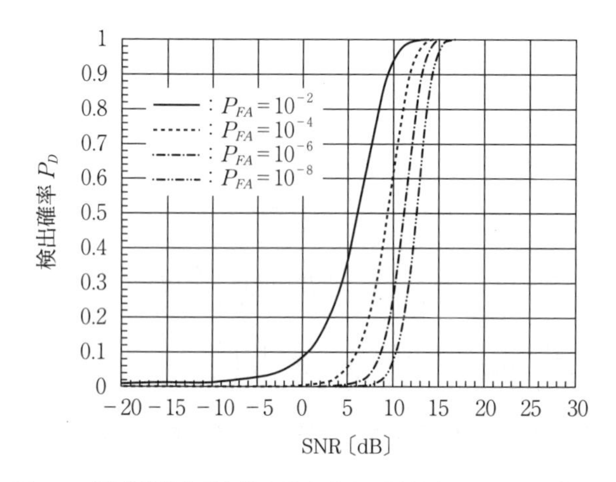


**図 5.6**　信号対雑音電力比と検出確率の関係（スワーリングケース 0 あるいは 5）

らの場合には当然ではあるが，しきい値が異なる。しかし，SNR と $P_{FA}$ が同じであれば，$P_D$ は式 (5.30) により同じように求めることができる。これは，検波方法の違いは数学的には変数変換でしかないため，変数変換の前後で確率は変化しないためである。

また，本節では，目標からの反射波である所望信号は一定であるとして，式の導出を行った。このような条件は，スワーリングケース 0（あるいは 5）と呼ばれる。しかし，実際の目標は移動しているため，その反射波である所望信号には変動がある。このため，所望信号の変動を考慮に入れて検出確率を求める必要がある。これは，無線通信において，5.1.2 項で述べたようなフェージングを考慮に入れてシンボル誤り率を算出することに相当する。レーダの所望信号に変動がある場合の検出確率については 5.4 節で解説する。

### 5.3.3　ノンコヒーレント積分による検出確率向上

5.2 節で述べたように，検出確率向上の方法として，複数の受信パルスをコヒーレント積分する方法とノンコヒーレント積分する方法がある。4.4.9 項で述べた slow time 信号処理（フーリエ変換）はコヒーレント積分に相当する。この場合，SNR は積分数だけ向上するので，5.3.2 項の理論において，積分後の

SNRを用いることにより検出確率を求めることができる。一方，ノンコヒーレント積分の場合には，信号の確率密度関数が変化するため，これまでの理論で誤警報確率や検出確率を求めることができない。ここでは，**図5.7**に示すような2乗検波後の信号に対してノンコヒーレント積分を行い信号検出することを想定し，そのときの誤警報確率，検出確率を求める。

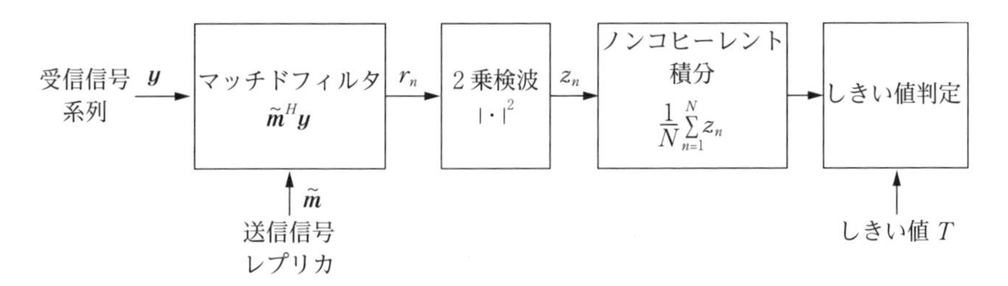


**図5.7**　ノンコヒーレント積分による信号検出ブロック図の例

図5.7に示したように，$N$個の信号をノンコヒーレント積分し積分数$N$で除算することを想定する[†4]。2乗検波後の$n$番目の信号を$z_n$とすると，ノンコヒーレント積分後の信号$Z$は式(5.32)となる。

$$Z=\frac{1}{N}\sum_{n=1}^{N} z_n \tag{5.32}$$

仮説(1)，仮説(2)それぞれにおける$z_n$の確率密度関数は，式(5.21)，(5.26)と同様にそれぞれ式(5.33)，(5.34)となる。

$$p_{z_n}(z_n|H_0)=\begin{cases}\dfrac{1}{E{\sigma_w}^2}\exp\left(-\dfrac{z_n}{E{\sigma_w}^2}\right) & (z_n\geq 0)\\ 0 & (z_n<0)\end{cases} \tag{5.33}$$

$$p_{z_n}(z_n|H_1)=\begin{cases}\dfrac{1}{E{\sigma_w}^2}\exp\left[-\dfrac{1}{E{\sigma_w}^2}(z_n+E^2)\right]I_0\left(\dfrac{2\sqrt{z_n}}{{\sigma_w}^2}\right) & (z_n\geq 0)\\ 0 & (z_n<0)\end{cases} \tag{5.34}$$

ここで，以下の変数変換を行う。

---

†4　信号検出だけ考えると除算の処理は必ずしも必要ではないが，ここではノンコヒーレント積分前後の確率密度関数を比較しやすくするため除算処理を行うものとする。

$$z_n' = \frac{z_n}{NE{\sigma_w}^2} \tag{5.35}$$

その結果，$z_n'$ の確率密度関数は式(5.36)，(5.37)のようになる。

$$p_{z_n'}(z_n'|H_0) = \begin{cases} Ne^{-Nz_n'} & (z_n' \geq 0) \\ 0 & (z_n' < 0) \end{cases} \tag{5.36}$$

$$p_{z_n'}(z_n'|H_1) = \begin{cases} Ne^{-(Nz_n'+\chi)} I_0(2\sqrt{N\chi z_n'}) & (z_n' \geq 0) \\ 0 & (z_n' < 0) \end{cases} \tag{5.37}$$

ここに，$\chi$ は信号対雑音電力比SNRであり，式(5.31)で与えられる。

ノンコヒーレント積分後の信号 $Z$ も，式(5.35)と同様に変数変換すれば，変数変換後の信号 $Z'$ は式(5.38)で与えられる。

$$Z' = \frac{Z}{E{\sigma_w}^2} = \sum_{n=1}^{N} z_n' \tag{5.38}$$

$Z'$ は $z_n'$ の和であるため，その確率密度関数は，$z_n'$ の確率密度関数の畳み込み積分により求めることができる。式(5.36)，(5.37)より，仮説(1)，仮説(2)それぞれにおける $Z'$ の確率密度関数は最終的に式(5.39)，(5.40)のようになる(詳細な導出は付録F，付録Gを参照)。

$$p_{Z'}(Z'|H_0) = \begin{cases} \dfrac{N(NZ')^{N-1}}{(N-1)!} e^{-NZ'} & (Z' \geq 0) \\ 0 & (Z' < 0) \end{cases} \tag{5.39}$$

$$p_{Z'}(Z'|H_1) = \begin{cases} N\left(\dfrac{Z'}{\chi}\right)^{\frac{N-1}{2}} e^{-N(Z'+\chi)} I_{N-1}(2N\sqrt{\chi Z'}) & (Z' \geq 0) \\ 0 & (Z' < 0) \end{cases} \tag{5.40}$$

ここに，$I_{N-1}(-)$ は $N-1$ 次の変形ベッセル関数である。

仮説(1)における $Z'$ の確率密度関数を**図5.8**に示し，SNRを6 dB($\chi=3.98$)としたときの仮説(2)における $Z'$ の確率密度関数を**図5.9**に示す。なお，各図はノンコヒーレント積分数 $N$ をパラメータとしており，$N=1$ はノンコヒーレント積分を行わない場合を表している。これより，いずれの場合も積分数が大きくなるにつれて確率密度関数の分散が小さくなる様子を見てとれる。すなわち，ノンコヒーレント積分が図5.5(b)で述べた確率密度関数

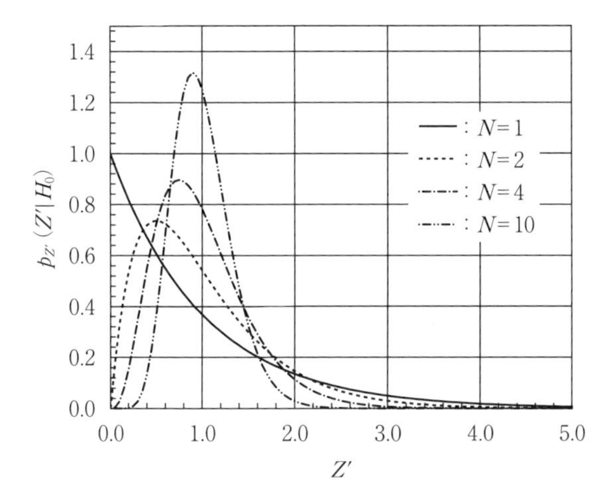


**図5.8** 仮説（1）におけるノンコヒーレント積分後の信号の確率密度関数 $p_{Z'}(Z'|H_0)$

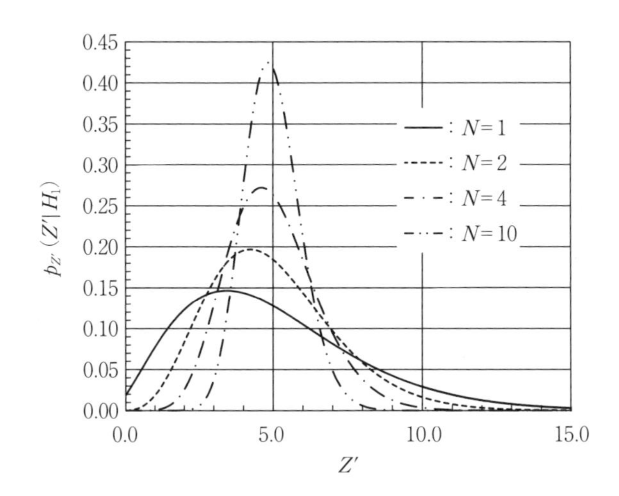


**図5.9** 仮説（2）におけるノンコヒーレント積分後の信号の確率密度関数 $p_{Z'}(Z'|H_1)$ $(\chi=6\ \mathrm{dB})$

の変化に相当していることがわかる。また，例えば，$Z'=2$ 近傍のしきい値を用いて信号検出する場合を想定すると，ノンコヒーレント積分数が多くなるにつれ，誤警報確率が低減することが図5.8よりわかる。同様に，検出確率もノンコヒーレント積分数が多くなるにつれて向上することが図5.9よりわかる。

以上の現象を定量的に把握するために，以下では誤警報確率および検出確率の数学的表現を導出する。

まず，誤警報確率を求める。式(5.39)より，信号検出のしきい値を$T'$とすれば，誤警報確率$P_{FA}$は式(5.41)で求めることができる。

$$\begin{aligned} P_{FA} &= \int_{T'}^{\infty} p_{Z'}(Z'|H_0)\,dZ' \\ &= \int_{T'}^{\infty} \frac{N(NZ')^{N-1}}{(N-1)!} e^{-NZ'} dZ' \\ &= \int_{NT'}^{\infty} \frac{\alpha^{N-1}}{(N-1)!} e^{-\alpha} d\alpha \\ &= 1 - I(NT', N) \end{aligned} \tag{5.41}$$

ここに，$I(-)$は不完全ガンマ関数であり，式(5.42)で定義される。

$$I(x, M) = \frac{1}{\Gamma(M)} \int_0^x \tau^{M-1} e^{-\tau} d\tau \tag{5.42}$$

$\Gamma(-)$はガンマ関数であり，$n$を正の整数とすれば式(5.43)で与えられる。

$$\Gamma(n) = (n-1)! \tag{5.43}$$

ノンコヒーレント積分数$N$をパラメータとしたときのしきい値$T'$と誤警報確率$P_{FA}$との関係を**図5.10**に示す。所望の誤警報確率$P_{FA}$が与えられたと

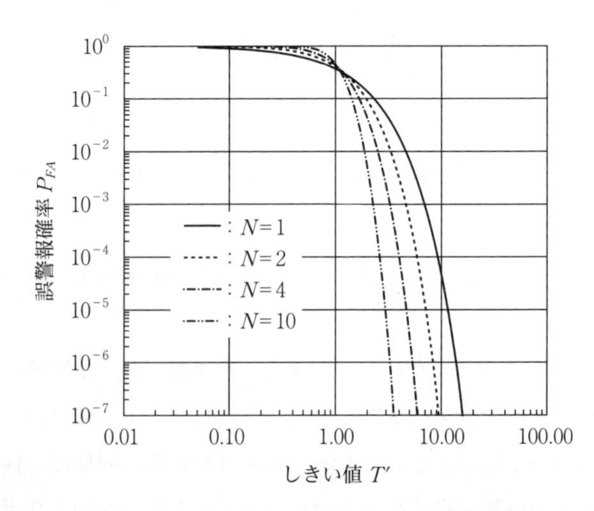


**図5.10**　ノンコヒーレント積分時のしきい値と誤警報確率の関係

き，これを実現するしきい値 $T'$ を図 5.10 から求めることができる。また，同一の誤警報確率 $P_{FA}$ を実現するために必要なしきい値 $T'$ は，ノンコヒーレント積分数 $N$ が多くなるに従って小さくなることが定量的にわかる。

なお，$N=1$，すなわち積分をしない場合のしきい値 $T'$ は式 (5.44) となる。

$$T' = -\ln P_{FA} \tag{5.44}$$

当然のことであるが，式 (5.44) は，式 (5.23) を式 (5.35) により変数変換した結果と一致する。

つぎに検出確率を求める。しきい値 $T'$ が与えられたとき検出確率は，式 (5.40) より式 (5.45) で求めることができる（詳細な導出は付録 H を参照）。

$$P_D = \int_{T'}^{\infty} p_{Z'}(Z'|H_1)\,dZ'$$
$$= Q_M(\sqrt{2N\chi}, \sqrt{2NT'}) + e^{-N(T'+\chi)} \sum_{r=2}^{N} \left(\frac{T'}{\chi}\right)^{\frac{r-1}{2}} I_{N-1}(2N\sqrt{\chi T'}) \tag{5.45}$$

ここに，$Q_M(-)$ は式 (5.28) で定義されるマーカムの $Q$ 関数である。

一例として，$P_{FA}=10^{-6}$ とし，ノンコヒーレント積分数 $N$ をパラメータとしたときの SNR と検出確率 $P_D$ との関係を**図 5.11** に示す。これより，ノンコヒーレント積分数 $N$ が大きくなるにつれ，同じ検出確率を得るために必要な

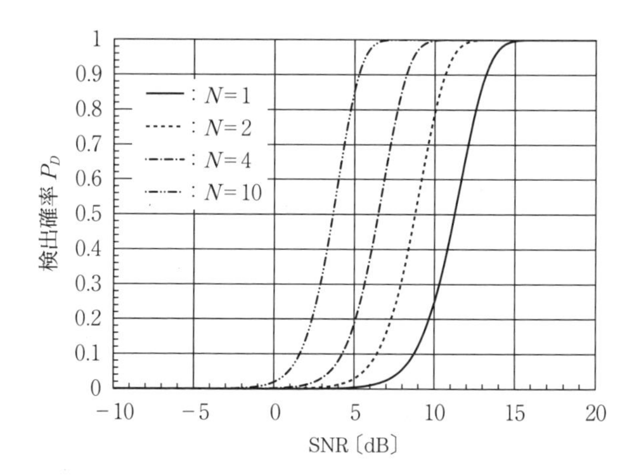


**図 5.11** ノンコヒーレント積分時の SNR と検出確率の関係

SNR が小さくなることがわかる。つまり，ノンコヒーレント積分により利得が得られていることがわかる。例えば，検出確率=0.5 を実現するための SNR で比較すると，ノンコヒーレント積分数 $N=10$ の場合は，$N=1$ の場合と比較して 7.6 dB 程度の利得が得られることがわかる。コヒーレント積分の利得が積分数，すなわち $N$ であることを考えると，ノンコヒーレント積分による利得は，コヒーレント積分による利得と比べて 10.0−7.6=2.4 dB 低い値となっている。このように，ノンコヒーレント積分による利得は，積分数 $N$ と単純な形で関係づけることは一般的には難しい。しかし，積分数 $N$ が大きい場合には，$\sqrt{N}$ に漸近することが報告されている[16)]。

## 5.4　変動のある目標に対する検出確率

移動通信の誤り率の評価でフェージングを考慮するのと同じように，レーダにおいても，目標からの反射波（所望信号）の変動を考慮に入れて検出確率を考慮する場合がある。ただし，レーダにおける所望信号の変動は，電波伝搬環境によるものではなく，目標の RCS（radar cross section）変動に起因するものとしてとらえる。一般的に，目標の RCS は，目標内の複数反射点からの反射波が合成された結果として現れる物理量である。したがって，レーダと目標との相対的な位置関係（距離，角度）が変化すれば，目標の RCS も変動し，検出確率はその変動の分布（確率密度関数）に依存する。また，4 章で述べたように，レーダは複数パルスによる信号処理を行って検出を行うため，受信パルス間の信号相関の有無によっても結果が異なってくる。

以上のことを踏まえ，レーダでは，スワーリングモデルと呼ばれる RCS 変動モデルが提案されている。スワーリングモデルでは，RCS 変動を表す確率密度関数の種類とパルス間の信号相関有無の違いにより，**表 5.1** に示す四つのケースがある。なお，5.3 節で解説した RCS 変動を想定しない場合は，スワーリングケース 0（あるいは 5）と呼ばれる。

スワーリングケース 1 あるいは 2 で想定する RCS 変動が指数分布となる場

表5.1 スワーリングモデル

| RCSの確率密度関数 | 受信パルス間信号相関有無 | |
|---|---|---|
| | 相関あり（ただし，CPI内） | 相関なし |
| 指数分布 | ケース1 | ケース2 |
| カイ2乗分布（自由度4） | ケース3 | ケース4 |

合は，信号の電圧変動がレイリー分布となる場合に相当する†5。したがって，同程度の不規則な複数反射波が合成されている場合を想定していることになる。一方，スワーリングケース3あるいは4で想定するRCS変動が自由度4のカイ2乗分布の場合は，大きな主反射波と不規則な複数反射波が合成されている場合を想定している[4)]。

受信パルス間の信号相関がある場合とは，**図5.12**（a）に示すように，CPI（coherent processing interval）内での受信信号に相関がありCPIごとに信号が変動する場合を想定している。したがって，CPI内の信号積分についてはコヒーレント積分を行うことができるが†6，CPI間の信号積分をする場合にはノンコヒーレント積分となる場合である。一方，受信パルス間の信号相関がない

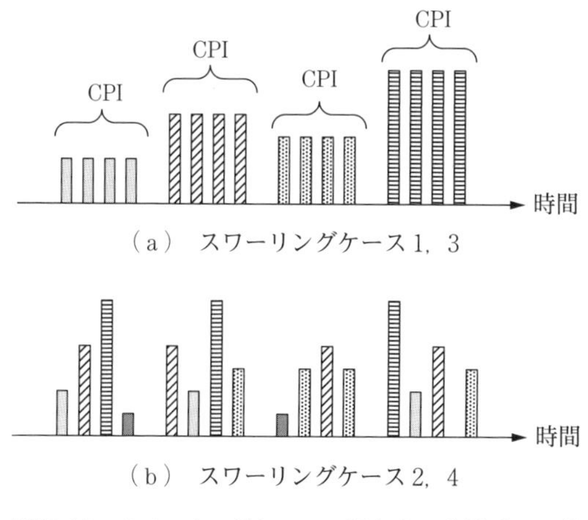


**図5.12** スワーリングケースで想定する受信パルス列

†5 RCSは面積の次元を有するが，3.3節での解説により物理的には反射電力に相当する。
†6 このコヒーレント積分は，4.4.9項のslow time信号処理（フーリエ変換）に相当する。

場合とは，図 5.12 (b) に示すように，受信パルスごとに信号が変動する場合を想定している。したがって，信号積分を行う場合には，CPI 内，CPI 間問わずすべてノンコヒーレント積分となる。

本書では，最も基本的なスワーリングケース 1 の場合の検出確率を示す。ただし，CPI 間の信号積分は考慮せず，単に RCS が指数分布に従い変動する場合の検出確率を導く。CPI 間の信号積分 (ノンコヒーレント積分) を考慮した場合については，文献 16) を参考にされたい。

仮説 (2) のもとでの，マッチドフィルタ出力電力値 $z$ の確率密度関数は式 (5.26) で与えられ，以下に再掲する。

$$p_z(z|H_1)=\begin{cases}\dfrac{1}{E\sigma_w{}^2}\exp\left[-\dfrac{1}{E\sigma_w{}^2}(z+E^2)\right]I_0\left(\dfrac{2\sqrt{z}}{\sigma_w{}^2}\right) & (z\geq 0)\\ 0 & (z<0)\end{cases} \tag{5.46}$$

ここで，式 (5.47) の変数変換を行い，SNR が式 (5.31) で与えられ，これも変数であるとみなすと，式 (5.46) は式 (5.48) のようになる。

$$z'=\frac{z}{E\sigma_w{}^2} \tag{5.47}$$

$$p_{z'}(z',\chi|H_1)=\begin{cases}e^{-(z'+\chi)}I_0(2\sqrt{z'\chi}) & (z'\geq 0)\\ 0 & (z'<0)\end{cases} \tag{5.48}$$

スワーリングケース 1 では，RCS の変動として，信号対雑音電力比 $\chi$ が以下の指数分布に従って変動すると仮定する。

$$p_\chi(\chi)=\frac{1}{\bar{\chi}}e^{-\chi/\bar{\chi}} \tag{5.49}$$

ここに，$\bar{\chi}$ は平均 SNR である。

これより，スワーリングケース 1 では，5.1.2 項で述べた無線通信におけるレイリーフェージングと同じ SNR 変動を考慮していることがわかる。したがって，RCS の変動を考慮に入れた確率密度関数は，式 (5.48) を $\chi$ に関して周辺化することにより式 (5.50) で求められる (詳細な導出は付録 I 参照)。

$$p_{z'}(z'|H_1)=\int_0^\infty p_{z'}(z',\chi|H_1)\,p_\chi(\chi)\,d\chi$$

$$=\int_0^\infty e^{-(z'+\chi)} I_0(2\sqrt{z'\chi}) \frac{1}{\bar{\chi}} e^{-\chi/\bar{\chi}} d\chi$$

$$=\frac{1}{1+\bar{\chi}} e^{-z'/(1+\bar{\chi})} \tag{5.50}$$

一方，式(5.47)の変数変換により，式(5.23)で与えられるしきい値 $T$ は式(5.51)となる。

$$T'=-\ln P_{FA} \tag{5.51}$$

したがって，式(5.50)より検出確率 $P_D$ は式(5.52)となる。

$$P_D=\int_{T'}^\infty \frac{1}{1+\bar{\chi}} e^{-z'/(1+\bar{\chi})} dz'$$

$$=e^{-T'/(1+\bar{\chi})} \tag{5.52}$$

式(5.51)，(5.52)より，検出確率 $P_D$ と誤警報確率 $P_{FA}$ の関係は式(5.53)のようになる。

$$P_D=(P_{FA})^{1/(1+\bar{\chi})} \tag{5.53}$$

これより，所望の誤警報確率 $P_{FA}$ を実現する条件下で，検出確率 $P_D$ を実現するのに必要な平均SNRを求めると式(5.54)となる。

$$\bar{\chi}=\frac{\ln(P_{FA}/P_D)}{\ln(P_D)} \tag{5.54}$$

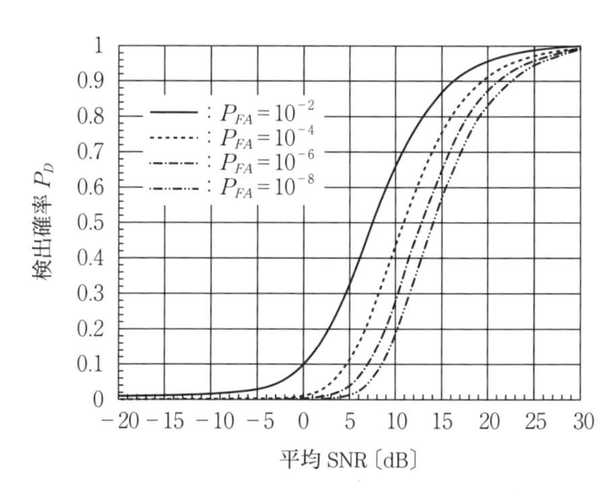


**図5.13**　平均SNRと検出確率の関係（スワーリングケース1，ノンコヒーレント積分なし）

$P_{FA}$をパラメータとしたときのSNRと$P_D$の関係を**図5.13**に示す。図5.13において，横軸は平均SNR，縦軸は検出確率である。例えば，誤警報確率$P_{FA}=10^{-6}$で，検出確率$P_D=0.5$を実現するのに必要なSNRは13 dB程度であることがわかる。また，図5.6のスワーリングケース0と比較すると，同じ誤警報確率，同じ検出確率を実現するためには，より高いSNRが必要になることがわかる。

## 5.5　一定誤警報確率(CFAR)処理

5.3，5.4節では，不要信号の確率密度関数が既知であるとしてしきい値を求めた。しかし，現実には不要信号の確率密度関数は未知である。かりに不要信号が複素ガウス分布に従うと仮定できても，その分散値，すなわち不要信号の平均電力$\sigma_w{}^2$を事前情報として得ることは困難である。また，クラッタのように，反射源対象により反射電力が大きく変動する場合には，しきい値設定を固定してしまうと誤警報確率が変動するという問題もある。そこで，レーダでは，受信信号から不要信号の統計量を推定し，適応的にしきい値設定を行う処理が行われる。これにより，不要信号の大きさが変わっても誤警報確率を一定にできることから，このような適応的なしきい値設定手法はCFAR (constant false alarm rate) 処理と呼ばれる。本書では，最も基本的なCFAR処理として，不要信号が複素ガウス分布に従う場合を想定したcell-averaging CFAR (CA-CFAR) を解説する。

4章で述べたように，レーダの受信信号系列はレンジ方向の1次元データ系列，あるいはレンジ-ドップラーの2次元のデータ系列である。このデータ系列の個々のデータをセルと呼ぶと，CFARでは各セルの信号から不要信号の統計量を推定し，しきい値を設定する。具体的には，**図5.14**に示すように，しきい値判定をするテストセルに隣接するリファレンスセルの信号から不要信号の統計量を推定する。また，テストセルの極近傍には，数セルのガードセルを設け，推定時のデータから棄却する。このように，隣接リファレンスセルか

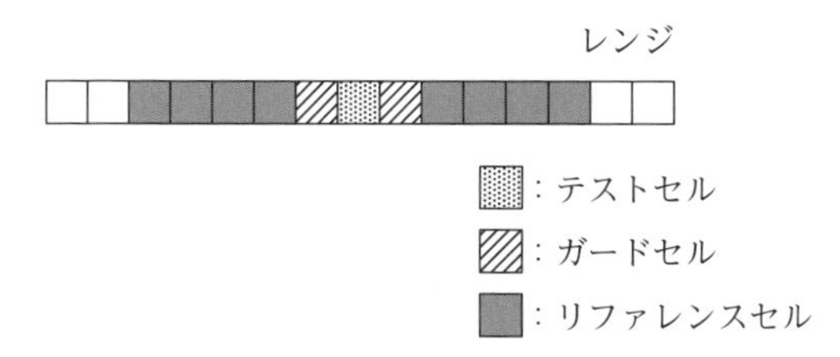


（a） レンジ方向のみの1次元データ系列の場合

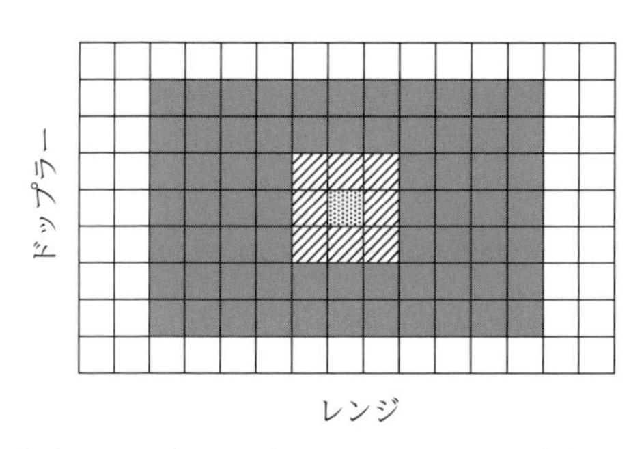


（b） レンジ-ドップラーの2次元データ系列の場合

**図5.14** CFARで用いる受信信号系列イメージ

ら不要信号の統計量を推定するためには，以下の前提条件が必要である。

（Ⅰ） リファレンスセルは統計的に均一であり，テストセルの不要信号の統計量と同一。

（Ⅱ） リファレンスセルには目標が存在しない。

ただし，現実問題として，上記前提条件は必ずしも成立せず，あくまで近似的な処理であることに注意を払う必要がある。

つぎに，リファレンスセルからの統計量の推定方法を最ゆう原理に基づき導く。前提条件（Ⅱ）より，リファレンスセルの信号は仮説（1）の信号に相当するので，その確率密度関数は式（5.21）で与えられ，これを以下に再掲する。

$$p_z(z|H_0)=\begin{cases}\dfrac{1}{E{\sigma_w}^2}\exp\left(-\dfrac{z}{E{\sigma_w}^2}\right) & (z\geq 0)\\ 0 & (z<0)\end{cases} \tag{5.55}$$

ここで，しきい値 $T$ は式（5.23）で与えられるため，推定したい統計量は

$\sigma_w{}^2$ である。$N$ 個のリファレンスセルの信号を $z_i$ $(i=1\sim N)$ とすれば，これらすべてが観測される確率密度は，式 (5.55) より式 (5.56) となる。

$$p_x(\boldsymbol{x})=\frac{1}{(E\sigma_w{}^2)^N}\prod_{i=1}^{N}\exp\left(-\frac{z_i}{E\sigma_w{}^2}\right) \tag{5.56}$$

最ゆう原理では，“得られた観測結果 $z_i$ $(i=1\sim N)$ は確率最大のものが実現した”との立場をとる。したがって，最ゆう原理に基づけば，式 (5.56) の確率密度 (ゆう度関数) が最大となる統計量 $\sigma_w{}^2$ が求める解である。ただし，式 (5.56) のゆう度関数から直接求めるのではなく，対数化した式 (5.57) の対数ゆう度関数を用いる†7。

$$\ln l\equiv\ln\{p_x(\boldsymbol{x})\}=-N\ln E-N\ln\sigma_w{}^2-\frac{1}{E\sigma_w{}^2}\sum_{i=1}^{N}z_i \tag{5.57}$$

したがって，対数ゆう度関数を最大化する $\sigma_w{}^2$ は，式 (5.58) の条件式から求めることができる。

$$\frac{\partial[\ln l]}{\partial[\sigma_w{}^2]}=-N\frac{1}{\sigma_w{}^2}+\frac{1}{E(\sigma_w{}^2)^2}\sum_{i=1}^{N}z_i=0 \tag{5.58}$$

これより，分散の推定値は式 (5.59) となる。

$$\hat{\sigma}_w{}^2\equiv E\sigma_w{}^2=\frac{1}{N}\sum_{i=1}^{N}z_i \tag{5.59}$$

式 (5.59) より，分散の推定値は，リファレンスセルの信号電力 $z_i$ の単純な算術平均になることがわかる。ガウス分布に従う信号の分散は平均電力であるため，このことは直観的にも理解しやすい結果である。逆に，その直観的理解が最ゆう原理に基づくものであることを式 (5.59) は示している。

式 (5.23)，(5.59) より，CA-CFAR で設定するしきい値は式 (5.60)，(5.61) で求めることができる。

$$\begin{aligned}\hat{T}&=-\hat{\sigma}_w{}^2\ln P_{FA}\\&=\alpha\hat{\sigma}_w{}^2\end{aligned} \tag{5.60}$$

$$\alpha=-\ln P_{FA} \tag{5.61}$$

---

†7　対数関数は単調増加関数であるため，対数ゆう度関数が最大となる条件は，もとのゆう度関数と同じである。

CA-CFAR による信号検出の例を**図 5.15** に示す。図 5.15 において，横軸はレンジビン，縦軸は信号電力〔dB〕であり，信号，CA-CFAR によるしきい値，確率密度関数を既知としたときの理想的なしきい値を示している。また，$SNR$=15 dB，$P_{FA}=10^{-5}$，レンジビン数は 200，ガードセルはテストセルの両側それぞれ 1 セル，リファレンスセルはテストセルの両側それぞれ 7 セルとしている。所望信号はレンジビン #80 にのみ存在している。これより，CA-CFAR 処理により所望信号のみがしきい値を超えて正しく検出されていることがわかる。ただし，CA-CFAR のしきい値は理想的なしきい値と比べると上下している。これは，CFAR しきい値を決定するためのリファレンスセル数が有限個であるためであり，この影響については 5.6 節で述べる。また，図 5.15 より所望信号近傍のセルでしきい値が大きくなっていることがわかる。これは，所望信号を含むセルがリファレンスセルに含まれているためであり，CA-CFAR 処理の大きな特徴である。このことは，二つの信号が近接している場合には CFAR しきい値が大きくなり，信号検出ができなくなる可能性があることを示唆している。この問題を解決するために，例えば，テストセル前後のリファレンスセルそれぞれで分散値を推定し，どちらか小さいほうを用いる smallest of cell averaging CFAR (SOCA-CFAR) が提案されている。

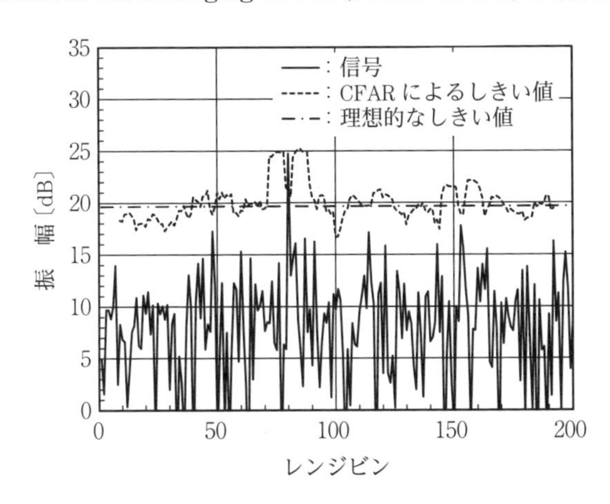


**図 5.15**　CA-CFAR による信号検出例 ($SNR$= 15 dB，$P_{FA}=10^{-5}$)

これ以外にも前提条件（Ⅰ），（Ⅱ）が成立しない場合に対してさまざまなCFAR処理が提案されており，興味がある読者は文献4)，16) などを参考にされたい。

## 5.6 CA-CFARの検出性能解析

図5.15で観測したように，CA-CFARではリファレンスセル数が有限個であるため，推定したしきい値と理想的なしきい値とは必ずしも一致しない。このことは，検出性能の劣化につながる。ここでは，5.4節で解説したスワーリングケース1（ただし，CPI間信号積分なし）の場合を想定し，CA-CFARによる検出性能劣化量を解説する。

CA-CFARにより推定されるしきい値を改めて書くと，式(5.62)のようになる。

$$\hat{T}=\frac{\alpha}{N}\sum_{i=1}^{N}z_i \tag{5.62}$$

ここで，式(5.63)の変数変換を行うと，その観測データ $\hat{z}_i$ $(i=1\sim N)$ が従う確率密度関数は，式(5.21)より式(5.64)となる。

$$\hat{z}_i=\frac{\alpha}{N}z_i \tag{5.63}$$

$$p_{\hat{z}_i}(\hat{z}_i)=\frac{N}{\alpha E{\sigma_w}^2}\exp\left(-\frac{N\hat{z}_i}{\alpha E{\sigma_w}^2}\right) \tag{5.64}$$

したがって，式(5.62)で求められるしきい値 $\hat{T}$ の確率密度関数は以下のアーラン分布となる（詳細な導出は付録J参照）。

$$p_{\hat{T}}(\hat{T})=\begin{cases}\left(\dfrac{N}{\alpha E{\sigma_w}^2}\right)^N\dfrac{\hat{T}^{N-1}}{(N-1)!}\exp\left(-\dfrac{N\hat{T}}{\alpha E{\sigma_w}^2}\right) & (z\geq 0)\\ 0 & (z<0)\end{cases} \tag{5.65}$$

しきい値が与えられたときの誤警報確率は式(5.22)で求めることができるため，しきい値 $\hat{T}$ が式(5.65)の確率密度関数に従うとき，誤警報確率の期待値 $\bar{P}_{FA}$ は式(5.66)で求めることできる。

$$\bar{P}_{FA}=\int_0^\infty P_{FA}(\hat{T})p_{\hat{T}}(\hat{T})d\hat{T}$$
$$=\left(\frac{N}{\alpha E{\sigma_w}^2}\right)^N\frac{1}{(N-1)!}\int_0^\infty \hat{T}^{N-1}\exp\left[-\frac{(N/\alpha+1)\hat{T}}{E{\sigma_w}^2}\right]d\hat{T} \tag{5.66}$$

これを計算すると式(5.67)を得る(詳細な導出は付録K参照)。

$$\bar{P}_{FA}=\left(1+\frac{\alpha}{N}\right)^{-N} \tag{5.67}$$

一方，スワーリングケース1において，しきい値が与えられたとき検出確率は式(5.52)で求めることができるため，しきい値 $\hat{T}$ が式(5.65)の確率密度関数に従うとき，検出確率の期待値 $\bar{P}_D$ は式(5.67)と同様に求めることができ，式(5.68)となる†8。

$$\bar{P}_D=\int_0^\infty P_D(\hat{T})p_{\hat{T}}(\hat{T})d\hat{T}$$
$$=\left(\frac{N}{\alpha E{\sigma_w}^2}\right)^N\frac{1}{(N-1)!}\int_0^\infty \hat{T}^{N-1}\exp\left[-\frac{\{N/\alpha+1/(1+\bar{\chi})\}\hat{T}}{E{\sigma_w}^2}\right]d\hat{T}$$
$$=\left[1+\frac{\alpha}{N(1+\bar{\chi})}\right]^{-N} \tag{5.68}$$

ここに，$\bar{\chi}$ は平均SNRである。

式(5.67)，(5.68)より，誤警報確率の期待値 $\bar{P}_{FA}$ と検出確率の期待値 $\bar{P}_D$ の関係は式(5.69)となる。

$$\bar{P}_D=\left[1+\frac{{\bar{P}_{FA}}^{-\frac{1}{N}}-1}{(1+\bar{\chi})}\right]^{-N} \tag{5.69}$$

式(5.69)は，$N$ 個の受信信号から不要信号の統計量を推定し，しきい値設定したときの検出確率の期待値である。このため，$N\to\infty$ としたときには5.4節に示した理論値，すなわち不要信号の統計量を既知とした理想的な値に近づくことが予想される。実際，このことは数学的にも証明することができる[16)]。しかし，$N$ が有限の場合には，SNRが同じ条件下では式(5.69)に従い検出確率が低下する。逆にいえば，同じ検出確率を実現するためには，理想値よりも高いSNRが必要になる。このSNRの差異はCFAR損失と呼ばれる。以下，

†8 式(5.51)のしきい値 $T'$ は，式(5.47)の変数変換を行っていることに注意されたい。

CFAR 損失を求めてみる。

式 (5.69) より，所望の誤警報確率 (期待値) を実現する条件下で所望の検出確率 (期待値) を実現する平均 SNR は式 (5.70) のようになる。

$$\bar{\chi}_N=\frac{(\bar{P}_D/\bar{P}_{FA})^{1/N}-1}{1-\bar{P}_D{}^{1/N}} \tag{5.70}$$

一方，$N\to\infty$，すなわち理想的条件で所望の検出確率を実現する平均 SNR は式 (5.54) であり，これを $\bar{\chi}_\infty$ として再掲すると式 (5.71) となる。

$$\bar{\chi}_\infty=\frac{\ln(\bar{P}_{FA}/\bar{P}_D)}{\ln(\bar{P}_D)} \tag{5.71}$$

式 (5.70)，(5.71) より，CFAR 損失は式 (5.72) となる。

$$\text{CFAR 損失}=\frac{\bar{\chi}_N}{\bar{\chi}_\infty}=\frac{(\bar{P}_D/\bar{P}_{FA})^{1/N}-1}{1-\bar{P}_D{}^{1/N}}\cdot\frac{\ln(\bar{P}_D)}{\ln(\bar{P}_{FA}/\bar{P}_D)} \tag{5.72}$$

検出確率 $P_D=0.5$ としたときの CFAR 損失を**図 5.16** に示す。図 5.16 において，横軸はリファレンスセルのデータサンプル数，縦軸は CFAR 損失である。これより，サンプル数が小さくなるにつれ CFAR 損失がきわめて大きくなることがわかる。また，誤警報確率が小さいほうが CFAR 損失は大きいことがわかる。このように，サンプル数によっては無視できない損失となるため，これを考慮に入れた回線設計が必要である。

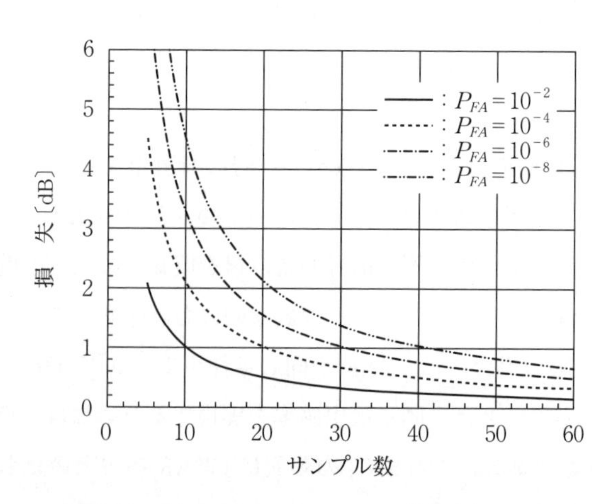


**図 5.16**　CA-CFAR による CFAR 損失 ($P_D$=0.5)

# 付　　　録

## 付録 A　式 (3.33) の導出

式 (3.33) の分母の積分を実行するために，**図付 A.1**（a）の $\theta$-$\phi$ 座標系から，図付 A.1（b）の AZ over EL 座標系への座標変換を行う。

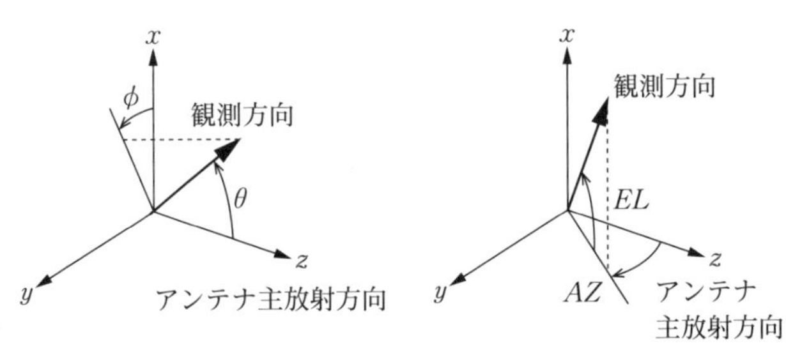


（a）　$\theta$-$\phi$ 座標系　　　（b）　AZ over EL 座標系

**図付 A.1**　観測方向の座標系定義

その結果，式 (3.33) の分母は式 (付 A.1) となる。

$$\frac{1}{4\pi}\int_0^{2\pi}\int_0^{\pi}\left|\sum_{n=1}^{N}e^{jk_0(n-1)d(\sin\theta\cos\phi-\sin\theta_0)}\right|^2\sin\theta d\theta d\phi$$

$$=\frac{1}{4\pi}\int_0^{2\pi}\int_{-\pi/2}^{\pi/2}\left|\sum_{n=1}^{N}e^{jk_0(n-1)d(\sin EL-\sin\theta_0)}\right|^2\cos EL dEL dAZ$$

$$=\frac{1}{2}\int_{-\pi/2}^{\pi/2}\left|\sum_{n=1}^{N}e^{jk_0(n-1)d(\sin EL-\sin\theta_0)}\right|^2\cos EL dEL$$

$$=\frac{1}{2}\int_{-1-\sin\theta_0}^{1-\sin\theta_0}\left|\sum_{n=1}^{N}e^{j\frac{2\pi}{\lambda_0/d}(n-1)U}\right|^2 dU \qquad (付 A.1)$$

ただし

$$U=\sin EL-\sin\theta_0 \qquad (付 A.2)$$

ここで，素子数 $N$ が十分に大きいとすると，フーリエ級数展開の性質により以下の関係式を得ることができる。

$$\lim_{N\to\infty}\sum_{n=1}^{N}e^{j\frac{2\pi}{\lambda_0/d}(n-1)U}=\frac{\lambda_0}{d}\sum_{m=-\infty}^{\infty}\delta\left(U-m\frac{\lambda_0}{d}\right) \qquad (付 A.3)$$

式 (付 A.3) を式 (付 A.2) に代入すると式 (付 A.4) を得る。

$$\frac{1}{2}\int_{-1-\sin\theta_0}^{1-\sin\theta_0}\left|\sum_{n=1}^{N} e^{j\frac{2\pi}{\lambda_0/d}(n-1)U}\right|^2 dU$$

$$\approx\frac{\lambda_0}{2d}\int_{-1-\sin\theta_0}^{1-\sin\theta_0}\sum_{n=1}^{N} e^{-j\frac{2\pi}{\lambda_0/d}(n-1)U}\sum_{m=-\infty}^{\infty}\delta\left(U-m\frac{\lambda_0}{d}\right)dU \qquad \text{(付 A.4)}$$

ここで，デルタ関数の引数

$$U-m\frac{\lambda_0}{d}=\sin EL-\sin\theta_0-m\frac{\lambda_0}{d} \qquad \text{(付 A.5)}$$

は，グレーティングローブ発生条件である式 (3.29) そのものである。したがって，グレーティングローブが発生しない条件下では，式 (付 A.4) の積分範囲でとりうる値は $m=0$ のみであり，この項はメインビームに相当する。したがって，式 (付 A.4) は式 (付 A.6) のようになる

$$\frac{\lambda_0}{2d}\int_{-1-\sin\theta_0}^{1-\sin\theta_0}\sum_{n=1}^{N} e^{-j\frac{2\pi}{\lambda_0/d}(n-1)U}\sum_{m=-\infty}^{\infty}\delta\left(U-m\frac{\lambda_0}{d}\right)dU$$

$$=\frac{\lambda_0}{2d}\int_{-1-\sin\theta_0}^{1-\sin\theta_0}\sum_{n=1}^{N} e^{-j\frac{2\pi}{\lambda_0/d}(n-1)U}\delta(U)\,dU$$

$$=\frac{\lambda_0 N}{2d} \qquad \text{(付 A.6)}$$

ここで，デルタ関数の定義である式 (付 A.7) を用いている。

$$f(x)=\int_{-\infty}^{\infty}f(x')\delta(x'-x)dx' \qquad \text{(付 A.7)}$$

式 (3.33)，(付 A.6) より，等振幅リニアアレーの指向性利得は式 (付 A.8) のようになる。

$$D(\theta_0)=\frac{N^2}{\frac{1}{4\pi}\int_0^{2\pi}\int_0^{\pi}\left|\sum_{n=1}^{N} e^{jk_0(n-1)d(\sin\theta\cos\phi-\sin\theta_0)}\right|^2\sin\theta d\theta d\phi}$$

$$\approx\frac{2Nd}{\lambda_0} \qquad \text{(付 A.8)}$$

# 付録 B　式 (3.61) の導出

式 (3.61) の分母の積分を実行するために，変数を $\theta$，$\phi$ から式 (3.50)，(3.51) で与えられる $T_x$，$T_y$ に変数変換する。このとき，式 (付 B.1) が成り立つ。

$$dT_x dT_y=\begin{vmatrix}\dfrac{\partial T_x}{\partial\theta} & \dfrac{\partial T_x}{\partial\phi}\\ \dfrac{\partial T_y}{\partial\theta} & \dfrac{\partial T_y}{\partial\phi}\end{vmatrix}d\theta d\phi=\cos\theta\sin\theta d\theta d\phi \qquad \text{(付 B.1)}$$

また，$T_x$，$T_y$ のとりうる範囲が式(3.60)で与えられることを考えると，式(3.61)の分母は式(付B.2)のようになる。

$$\frac{1}{4\pi}\int_0^{2\pi}\int_0^{\pi/2}\left|\sum_{m,n}^{M,N} e^{jk_0 m d_x (T_x-T_{x0})} e^{jk_0 n d_y\left[(T_y-T_{y0})+\frac{T_x-T_{x0}}{\tan\alpha}\right]}\right|^2 \sin\theta d\theta d\phi$$

$$=\frac{1}{4\pi}\iint_{T_x^2+T_y^2\leq 1}\left|\sum_{m,n}^{M,N} e^{jk_0 m d_x (T_x-T_{x0})} e^{jk_0 n d_y\left[(T_y-T_{y0})+\frac{T_x-T_{x0}}{\tan\alpha}\right]}\right|^2 \frac{dT_x dT_y}{\cos\theta} \qquad (付B.2)$$

ここで，素子数 $M$，$N$ が十分に大きいとすれば，式(付A.3)と同様に式(付B.3)，(付B.4)が成り立つ。

$$\lim_{M\to\infty}\sum_{m}^{M} e^{jk_0 m d_x (T_x-T_{x0})}=\lim_{M\to\infty}\sum_{m}^{M} e^{j\frac{2\pi}{\lambda_0/d_x}m(T_x-T_{x0})}=\frac{\lambda_0}{d_x}\sum_{m'=-\infty}^{\infty}\delta\left(T_x-T_{x0}-m'\frac{\lambda_0}{d_x}\right) \qquad (付B.3)$$

$$\lim_{N\to\infty}\sum_{n}^{N} e^{jk_0 n d_y\left[(T_y-T_{y0})+\frac{T_x-T_{x0}}{\tan\alpha}\right]}=\frac{\lambda_0}{d_y}\sum_{n'=-\infty}^{\infty}\delta\left(T_y-T_{y0}+\frac{T_x-T_{x0}}{\tan\alpha}-n'\frac{\lambda_0}{d_y}\right) \qquad (付B.4)$$

式(付B.3)，(付B.4)を式(付B.2)に代入すると式(付B.5)を得る。

$$\frac{1}{4\pi}\iint_{T_x^2+T_y^2\leq 1}\left|\sum_{m,n}^{M,N} e^{jk_0 m d_x (T_x-T_{x0})} e^{jk_0 n d_y\left[(T_y-T_{y0})+\frac{T_x-T_{x0}}{\tan\alpha}\right]}\right|^2 \frac{dT_x dT_y}{\cos\theta}$$

$$\approx\frac{{\lambda_0}^2}{4\pi d_x d_y}\iint_{T_x^2+T_y^2\leq 1}\sum_{m,n}^{M,N} e^{-jk_0 m d_x (T_x-T_{x0})} e^{-jk_0 n d_y\left[(T_y-T_{y0})+\frac{T_x-T_{x0}}{\tan\alpha}\right]}$$

$$\times\sum_{m'=-\infty}^{\infty}\delta\left(T_x-T_{x0}-m'\frac{\lambda_0}{d_x}\right)\sum_{m'=-\infty}^{\infty}\delta\left(T_y-T_{y0}+\frac{T_x-T_{x0}}{\tan\alpha}-n'\frac{\lambda_0}{d_y}\right)\frac{dT_x dT_y}{\cos\theta} \qquad (付B.5)$$

ここで，デルタ関数の引数 =0 は，グレーティングローブ発生条件である式(3.58)，(3.59)そのものである。したがって，グレーティングローブが発生しない条件下では，式(付B.5)の積分範囲でとりうる値は $m'=n'=0$ のみであり，この項はメインビームに相当する。したがって，式(付B.5)は式(付B.6)のようになる。

$$\frac{1}{4\pi}\iint_{T_x^2+T_y^2\leq 1}\left|\sum_{m,n}^{M,N} e^{jk_0 m d_x (T_x-T_{x0})} e^{jk_0 n d_y\left[(T_y-T_{y0})+\frac{T_x-T_{x0}}{\tan\alpha}\right]}\right|^2 \frac{dT_x dT_y}{\cos\theta}$$

$$\approx\frac{{\lambda_0}^2}{4\pi d_x d_y}\iint_{T_x^2+T_y^2\leq 1}\left|\sum_{m,n}^{M,N} e^{jk_0 m d_x (T_x-T_{x0})} e^{jk_0 n d_y\left[(T_y-T_{y0})+\frac{T_x-T_{x0}}{\tan\alpha}\right]}\right|$$

$$\times\delta(T_x-T_{x0})\delta(T_y-T_{y0})\frac{dT_x dT_y}{\cos\theta}$$

$$=\frac{MN{\lambda_0}^2}{4\pi d_x d_y\cos\theta_0} \qquad (付B.6)$$

以上により，任意周期配列の平面アレーにおいて $\theta=\theta_0$ 方向へビーム走査したときの指向性利得は式（付 B.7）のようになる。

$$D(\theta_0,\ \phi_0)=\frac{M^2N^2}{\dfrac{1}{4\pi}\displaystyle\iint_{T_x{}^2+T_y{}^2\leq1}\left|\sum_{m,n}^{M,N}e^{jk_0md_x(T_x-T_{x0})}e^{jk_0nd_y\left[(T_y-T_{y0})+\frac{T_x-T_{x0}}{\tan\alpha}\right]}\right|^2\frac{dT_xdT_y}{\cos\theta}}$$

$$\approx\frac{4\pi MNd_xd_y}{\lambda_0{}^2}\cos\theta_0 \tag{付 B.7}$$

# 付録 C　式 (5.11) の導出

レイリーフェージング環境下における BPSK 変調のシンボル誤り率の平均値は，式 (5.9) を $\chi$ に関して周辺化することにより求める。

$$\bar{P}_e=\int_0^\infty P_e(\chi)p_\chi(\chi)d\chi$$

$$=\frac{1}{2}\int_0^\infty \mathrm{erfc}(\sqrt{\chi})\frac{1}{\bar{\chi}}e^{-\frac{\chi}{\bar{\chi}}}d\chi$$

$$=\left[-\frac{1}{2}e^{-\frac{\chi}{\bar{\chi}}}\mathrm{erfc}(\sqrt{\chi})\right]_0^\infty+\frac{1}{2}\int_0^\infty e^{-\frac{\chi}{\bar{\chi}}}\frac{1}{2\sqrt{\chi}}\left[\frac{d}{dx}\mathrm{erfc}(x)\bigg|_{x=\sqrt{\chi}}\right]d\chi \tag{付 C.1}$$

ここで，相補誤差関数 erfc(−) は以下のように表すことができる。

$$\mathrm{erfc}(x)=\frac{2}{\sqrt{\pi}}\int_x^\infty e^{-t^2}dt$$

$$=1-\frac{2}{\sqrt{\pi}}\int_0^x e^{-t^2}dt \tag{付 C.2}$$

したがって，式（付 C.3）が成り立つ。

$$\frac{d}{dx}\mathrm{erfc}(x)=-\frac{2}{\sqrt{\pi}}e^{-x^2} \tag{付 C.3}$$

式（付 C.3）を考慮すると，式（付 C.1）は式（付 C.4）のようになる。

$$\bar{P}_e=\frac{1}{2}-\frac{1}{2\sqrt{\pi}}\int_0^\infty\frac{1}{\sqrt{\chi}}e^{-\frac{1+\bar{\chi}}{\bar{\chi}}\chi}d\chi \tag{付 C.4}$$

ここで，以下の変数変換を行う。

$$\chi=\gamma^2 \tag{付 C.5}$$

その結果，式（付 C.4）は式（付 C.6）となり，式 (5.11) を得る。

$$\bar{P}_e=\frac{1}{2}-\frac{1}{\sqrt{\pi}}\int_0^\infty e^{-\frac{1+\bar{\chi}}{\bar{\chi}}\gamma^2}d\gamma$$

$$=\frac{1}{2}-\frac{1}{2}\sqrt{\frac{\bar{\chi}}{1+\bar{\chi}}} \tag{付 C.6}$$

# 付録D　式(5.20)の導出

式(5.20)は，平均0の複素ガウス分布に従う変数の絶対値に対する確率密度関数である。この確率密度関数がレイリー分布になることはよく知られているが，導出を以下に示す。

まず，式(付D.1)で定義される変数$z$を考える。

$$z=x+jy \tag{付D.1}$$

ここに，$x$，$y$は実数である。

変数$z$が複素ガウス分布に従っているため，$x$，$y$はそれぞれ平均0，標準偏差$\sigma$の互いに独立なガウス分布に従っている。したがって，変数$x$，$y$の確率密度関数は式(付D.2)，(付D.3)で与えられる。

$$p_x(x)=\frac{1}{\sqrt{2\pi\sigma^2}}e^{-\frac{x^2}{2\sigma^2}} \tag{付D.2}$$

$$p_y(y)=\frac{1}{\sqrt{2\pi\sigma^2}}e^{-\frac{y^2}{2\sigma^2}} \tag{付D.3}$$

式(付D.2)，(付D.3)より，$x$, $y$の結合確率密度関数は式(付D.4)となる。

$$p_{x,y}(x,\ y)=p_x(x)p_y(y)=\frac{1}{2\pi\sigma^2}e^{-\frac{x^2+y^2}{2\sigma^2}} \tag{付D.4}$$

ここで，以下の変数変換を行う。

$$x=r\cos\phi \tag{付D.5}$$

$$y=r\sin\phi \tag{付D.6}$$

すなわち，$r$は変数$z$の絶対値，$\phi$は変数$z$の位相を表す。

変数変換前後で確率は変化しないため，変数$r$，$\phi$の結合確率密度関数は式(付D.7)で求めることができる。

$$p_{r,\phi}(r,\ \phi)drd\phi=p_{x,y}(x,\ y)\begin{vmatrix}\dfrac{\partial x}{\partial r} & \dfrac{\partial y}{\partial r}\\[2mm] \dfrac{\partial x}{\partial \phi} & \dfrac{\partial y}{\partial \phi}\end{vmatrix}drd\phi \tag{付D.7}$$

式(付D.4)，(付D.7)より，変数$r$，$\phi$の結合確率密度関数は式(付D.8)となる。

$$p_{r,\phi}(r,\ \phi)=\frac{r}{2\pi\sigma^2}e^{-\frac{r^2}{2\sigma^2}} \tag{付D.8}$$

したがって，変数$r$の確率密度関数は式(付D.9)となる。

$$p_r(r)=\int_0^{2\pi}p_{r,\phi}(r,\ \phi)d\phi$$

$$=\frac{r}{\sigma^2}e^{-\frac{r^2}{2\sigma^2}} \tag{付 D.9}$$

5.3.1 項では $\sigma^2=E\sigma_w{}^2/2$ であるため，これを式 (付 D.9) に代入することにより，式 (5.20) を得る。

# 付録 E　式 (5.25) の導出

式 (5.25) は，平均が 0 でない複素ガウス分布に従う変数の絶対値に対する確率密度関数である。この確率密度関数が仲上・ライス分布になることはよく知られているが，導出を以下に示す。

まず，式 (付 E.1) で定義される変数 $z$ を考える。

$$z=(X+x)+j(Y+y) \tag{付 E.1}$$

ここに，$X$，$x$，$Y$，$y$ は実数である。また，$X$，$Y$ は定数であり，$x$，$y$ はそれぞれ平均 0，標準偏差 $\sigma$ の互いに独立なガウス分布に従う変数であるとする。

これより，変数 $x$，$y$ の確率密度関数は式 (付 D.2)，(付 D.3) で与えられ，$x$, $y$ の結合確率密度関数は式 (付 D.4) で与えられる。

ここで，以下の変数変換を行う。

$$X+x=r\cos\phi \tag{付 E.2}$$

$$Y+y=r\sin\phi \tag{付 E.3}$$

すなわち，$r$ は変数 $z$ の絶対値，$\phi$ は変数 $z$ の位相を表す。

変数変換前後で確率は変化しないため，式 (付 D.4)，(付 D.7) より，変数 $r$，$\phi$ の結合確率密度関数は式 (付 E.4) となる。

$$\begin{aligned} p_{r,\phi}(r,\phi)&=\frac{r}{2\pi\sigma^2}e^{-\frac{r^2-2Xr\cos\phi-2Yr\sin\phi+X^2+Y^2}{2\sigma^2}} \\ &=\frac{r}{2\pi\sigma^2}e^{-\frac{r^2-2r\sqrt{X^2+Y^2}\cos(\phi-\phi_0)+X^2+Y^2}{2\sigma^2}} \end{aligned} \tag{付 E.4}$$

ここで，以下の変数を定義した。

$$\tan\phi_0=\frac{Y}{X} \tag{付 E.5}$$

したがって，変数 $r$ の確率密度関数は式 (付 E.6) となる。

$$\begin{aligned} p_r(r)&=\int_0^{2\pi}p_{r,\phi}(r,\phi)d\phi \\ &=\frac{r}{2\pi\sigma^2}e^{-\frac{r^2+X^2+Y^2}{2\sigma^2}}\int_0^{2\pi}e^{\frac{r\sqrt{X^2+Y^2}\cos(\phi-\phi_0)}{\sigma^2}}d\phi \\ &=\frac{r}{\sigma^2}e^{-\frac{r^2+X^2+Y^2}{2\sigma^2}}I_0\left(\frac{r\sqrt{X^2+Y^2}}{\sigma^2}\right) \end{aligned} \tag{付 E.6}$$

ここに，$I_0(-)$ は0次の変形ベッセル関数である。

5.3.2項では，$\sigma^2=E\sigma_w{}^2/2$，$E=\sqrt{X^2+Y^2}$ であるため，これを式(付E.6)に代入することにより，式(5.25)を得る。

# 付録F　式(5.39)の導出

まず，式(5.36)で与えられる $p_{z_n'}(z_n'|H_0)$ をフーリエ変換した特性関数を求める。

$$
\begin{aligned}
C_{z_n'}(q|H_0)&=\int_0^\infty p_{z_n'}(z_n'|H_0)e^{jqz_n'}dz_n'\\
&=N\int_0^\infty e^{-Nz_n'}e^{jqz_n'}dz_n'\\
&=\frac{N}{N-jq} \qquad \text{(付 F.1)}
\end{aligned}
$$

$Z'$ は式(5.38)のように $z_n'$ の和であるため，その確率密度関数は $p_{z_n'}(z_n'|H_0)$ の畳み込み積分で与えられる。したがって，畳み込み積分の性質により，$Z'$ の特性関数は，$p_{z_n'}(z_n'|H_0)$ をフーリエ変換した特性関数(式(付F.1))の積で求めることができ，式(付F.2)で与えられる。

$$
C_{Z'}(q|H_0)=\left(\frac{N}{N-jq}\right)^N \qquad \text{(付 F.2)}
$$

$Z'$ の確率密度関数は式(付F.2)をフーリエ逆変換することにより，式(付F.3)で求められる。

$$
\begin{aligned}
p_{Z'}(Z'|H_0)&=\frac{1}{2\pi}\int_{-\infty}^\infty C_{Z'}(q|H_0)e^{-jZ'q}dq\\
&=\frac{1}{2\pi}\int_{-\infty}^\infty \frac{N^N}{(N-jq)^N}e^{-jZ'q}dq \qquad \text{(付 F.3)}
\end{aligned}
$$

ここで，式(付F.3)の無限積分は，**図付F.1**に示す複素 $q$ 平面上の閉経路 $C$ に

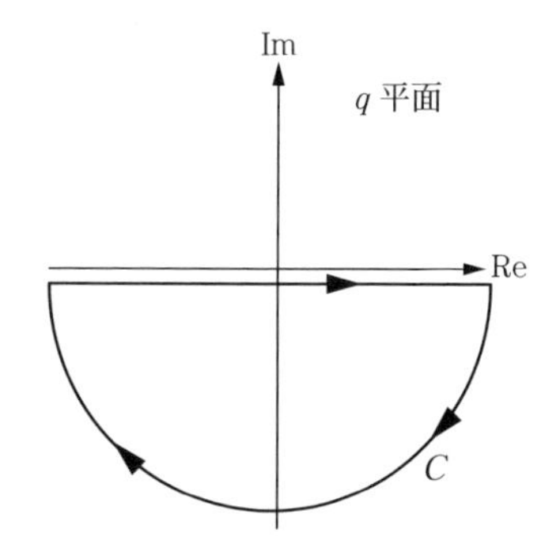


**図付F.1**　式(付F.4)の積分経路 $C$

沿った周回積分に拡張でき，式(付F.4)となる。

$$p_{Z'}(Z'|H_0)=\frac{1}{2\pi}\int_C\frac{N^N}{(N-jq)^N}e^{-jZ'q}dq$$
$$=\frac{N^N}{2\pi(-j)^N}\int_C\frac{1}{(q+jN)^N}e^{-jZ'q}dq \qquad (付F.4)$$

式(付F.4)の被積分関数は，閉経路$C$内の$q=-jN$において$N$位の極を持つため，この周回積分は留数定理により求めることができる。$q=-jN$における留数は以下のように求めることができる。

$$\mathrm{Res}=\frac{1}{(N-1)!}\frac{d^{N-1}}{dq^{N-1}}e^{-jZ'q}\Big|_{q=-Nj}$$
$$=\frac{(-j)^{N-1}(Z')^{N-1}}{(N-1)!}e^{-NZ'} \qquad (付F.5)$$

したがって，式(付F.4)は式(付F.6)となり，式(5.39)を得る。

$$p_{Z'}(Z'|H_0)=\frac{-2\pi jN^N}{2\pi(-j)^N}\mathrm{Res}$$
$$=\frac{N^N(Z')^{N-1}}{(N-1)!}e^{-NZ'} \qquad (付F.6)$$

## 付録G　式(5.40)の導出

まず，式(5.37)で与えられる$p_{z_n'}(z_n'|H_1)$をフーリエ変換した特性関数を求める。

$$C_{z_n'}(q|H_1)=\int_0^\infty p_{z_n'}(z_n'|H_1)e^{jqz_n'}dz_n'$$
$$=N\int_0^\infty e^{-(Nz_n'+\chi)}I_0(2\sqrt{Nz_n'\chi})e^{jqz_n'}dz_n' \qquad (付G.1)$$

ここで，変形ベッセル関数の展開公式を用いると，以下の関係式を得る。

$$I_0(2\sqrt{Nz_n'\chi})=\sum_{m=0}^{\infty}\frac{(N\chi z_n')^m}{m!\Gamma(m+1)} \qquad (付G.2)$$

式(付G.2)を式(付G.1)に代入すると式(付G.3)を得る。

$$C_{z_n'}(q|H_1)=Ne^{-\chi}\sum_{m=0}^{\infty}\int_0^\infty\frac{N^m\chi^m(z_n')^m}{m!m!}e^{-(N-jq)z_n'}dz_n'$$
$$=Ne^{-\chi}\sum_{m=0}^{\infty}\frac{1}{m!}\frac{N^m\chi^m}{(N-jq)^{m+1}} \qquad (付G.3)$$

ここで

$$e^x=\sum_{m=0}^{\infty}\frac{x^m}{m!} \qquad (付G.4)$$

であることを考えると，以下の関係式を得る。

$$\exp\left(\frac{N\chi}{N-jq}\right)=\sum_{m=0}^{\infty}\frac{1}{m!}\frac{N^m\chi^m}{(N-jq)^m} \tag{付 G.5}$$

式(付G.5)を式(付G.3)に代入すると式(付G.6)を得る。

$$C_{z_n'}(q|H_1)=\frac{N}{N-jq}\exp\left(\frac{j\chi q}{N-jq}\right) \tag{付 G.6}$$

$Z'$ は式(5.38)のように $z_n'$ の和であるため，その確率密度関数は $p_{z_n'}(z_n'|H_1)$ の畳み込み積分で与えられる。したがって，畳み込み積分の性質により，$Z'$ の特性関数は式(付G.7)で与えられる。

$$C_{Z'}(q|H_1)=\frac{N^N}{(N-jq)^N}\exp\left(\frac{jN\chi q}{N-jq}\right) \tag{付 G.7}$$

したがって，$Z'$ の確率密度関数は，式(付G.7)をフーリエ逆変換することにより，式(付G.8)で求められる。

$$\begin{aligned}p_{Z'}(Z'|H_1)&=\frac{1}{2\pi}\int_{-\infty}^{\infty}C_{Z'}(q|H_1)e^{-jZ'q}dq\\&=\frac{1}{2\pi}\int_{-\infty}^{\infty}\frac{N^N}{(N-jq)^N}e^{j\frac{N\chi q}{N-jq}}e^{-jZ'q}dq\\&=\frac{1}{2\pi}\int_{-\infty}^{\infty}\frac{N^N}{(N-jq)^N}e^{-N\chi}e^{\frac{N^2\chi}{N-jq}}e^{-jZ'q}dq\\&=\frac{1}{2\pi}\int_{-\infty}^{\infty}\frac{N^Ne^{-N\chi}}{(N-jq)^N}\sum_{m=0}^{\infty}\frac{1}{m!}\left(\frac{N^2\chi}{N-jq}\right)^m e^{-jZ'q}dq\\&=\frac{N^Ne^{-N\chi}}{2\pi}\sum_{m=0}^{\infty}\frac{(N^2\chi)^m}{m!}\int_{-\infty}^{\infty}\frac{1}{(N-jq)^{N+m}}e^{-jZ'q}dq\end{aligned} \tag{付 G.8}$$

ここで，式(付F.3)と同様に考えると，式(付G.9)が成り立つ。

$$\frac{1}{2\pi}\int_{-\infty}^{\infty}\frac{1}{(N-jq)^l}e^{-jZ'q}dq=\frac{(Z')^{l-1}}{(l-1)!}e^{-lZ'} \tag{付 G.9}$$

これより，式(付G.8)は以下のようになる。

$$\begin{aligned}p_{Z'}(Z'|H_1)&=N^Ne^{-N\chi}\sum_{m=0}^{\infty}\frac{(N^2\chi)^m(Z')^{m+N-1}}{m!(m+N-1)!}e^{-NZ'}\\&=N^Ne^{-N(Z'+\chi)}(Z')^{N-1}\sum_{m=0}^{\infty}\frac{(2N\sqrt{\chi Z'}/2)^{2m}}{m!(N-1+m)!}\\&=Ne^{-N(Z'+\chi)}\left(\frac{Z'}{\chi}\right)^{\frac{N-1}{2}}\left(\frac{2N\sqrt{\chi Z'}}{2}\right)^{N-1}\sum_{m=0}^{\infty}\frac{(2N\sqrt{\chi Z'}/2)^{2m}}{m!(N-1+m)!}\end{aligned} \tag{付 G.10}$$

ここで，変形ベッセル関数の展開公式より式(付G.11)が成り立つ。

$$I_\upsilon(z)=\left(\frac{z}{2}\right)^\upsilon\sum_{m=0}^{\infty}\frac{(z/2)^{2m}}{m!\Gamma(\upsilon+m+1)}$$
$$=\left(\frac{z}{2}\right)^\upsilon\sum_{m=0}^{\infty}\frac{(z/2)^{2m}}{m!(\upsilon+m)!} \qquad \text{(付 G.11)}$$

したがって，式（付 G.10）は式（付 G.12）となり，式（5.40）を得る。

$$p_{Z'}(Z'|H_1)=Ne^{-N(Z'+\chi)}\left(\frac{Z'}{\chi}\right)^{\frac{N-1}{2}}I_{N-1}(2N\sqrt{\chi Z'}) \qquad \text{(付 G.12)}$$

## 付録 H　式（5.45）の導出

式（5.45）の検出確率は式（付 H.1）で求められる。

$$P_D=\int_{T'}^{\infty}p_{Z'}(Z'|H_1)dZ'$$
$$=\int_{T'}^{\infty}N\left(\frac{Z'}{\chi}\right)^{\frac{N-1}{2}}e^{-N(Z'+\chi)}I_{N-1}(2N\sqrt{\chi Z'})dZ' \qquad \text{(付 H.1)}$$

ここで，以下の変数変換を行う。

$$t=2N\sqrt{\chi Z'} \qquad \text{(付 H.2)}$$

これより，式（付 H.1）は以下のようになる。

$$P_D=\int_{T'}^{\infty}N\left(\frac{Z'}{\chi}\right)^{\frac{N-1}{2}}e^{-N(Z'+\chi)}I_{N-1}(2N\sqrt{\chi Z'})dZ'$$
$$=\int_{2N\sqrt{\chi T'}}^{\infty}\left(\frac{t}{2N\chi}\right)^{N}e^{-\left(\frac{t^2}{4N\chi}+N\chi\right)}I_{N-1}(t)dt$$
$$=\frac{1}{(2N\chi)^{N-1}}\int_{2N\sqrt{\chi T'}}^{\infty}\frac{t}{2N\chi}e^{-\left(\frac{t^2}{4N\chi}+N\chi\right)}t^{N-1}I_{N-1}(t)dt$$
$$=\frac{1}{(2N\chi)^{N-1}}e^{-N(T'+\chi)}(2N\sqrt{\chi T'})^{N-1}I_{N-1}(2N\sqrt{\chi T'})$$
$$+\frac{1}{(2N\chi)^{N-2}}\int_{2N\sqrt{\chi T'}}^{\infty}\frac{t}{2N\chi}e^{-\left(\frac{t^2}{4N\chi}+N\chi\right)}t^{N-2}I_{N-2}(t)dt$$
$$=e^{-N(T'+N)}\left(\frac{T'}{\chi}\right)^{\frac{N-1}{2}}I_{N-1}(2N\sqrt{\chi T'})$$
$$+\frac{1}{(2N\chi)^{N-2}}e^{-N(T'+\chi)}(2N\sqrt{\chi T'})^{N-2}I_{N-2}(2N\sqrt{\chi T'})$$
$$+\frac{1}{(2N\chi)^{N-3}}\int_{2N\sqrt{\chi T'}}^{\infty}\frac{t}{2N\chi}e^{-\left(\frac{t^2}{4N\chi}+N\chi\right)}t^{N-3}I_{N-3}(t)dt$$
$$\vdots$$
$$=e^{-N(T'+\chi)}\sum_{r=2}^{N}\left(\frac{T'}{\chi}\right)^{\frac{r-1}{2}}I_{t-2}(2N\sqrt{\chi T'})+\int_{2N\sqrt{\chi T'}}^{\infty}\frac{t}{2N\chi}e^{-\left(\frac{t^2}{4N\chi}+N\chi\right)}I_0(t)dt$$

（付 H.3）

さらに，以下の変数変換を行う。

$$t'=\frac{t}{\sqrt{2N\chi}} \tag{付 H.4}$$

これより，式 (付 H.3) は式 (付 H.5) のようになる。

$$P_D=e^{-N(T'+\chi)}\sum_{r=2}^{N}\left(\frac{T'}{\chi}\right)^{\frac{r-1}{2}}I_{r-2}(2N\sqrt{\chi T'})+\int_{\sqrt{2NT'}}^{\infty}t'e^{-\frac{1}{2}(t'^2+2N\chi)}I_0(\sqrt{2N\chi}\ t')dt \tag{付 H.5}$$

式 (付 H.5) の右辺第 2 項は式 (5.28) で定義されるマーカムの $Q$ 関数で表すことができるため式 (付 H.6) となり，最終的に式 (5.45) を得る。

$$P_D=Q_M(\sqrt{2N\chi},\sqrt{2NT'})+e^{-N(T'+\chi)}\sum_{r=2}^{N}\left(\frac{T'}{\chi}\right)^{\frac{r-1}{2}}I_{N-1}(2N\sqrt{\chi T'}) \tag{付 H.6}$$

# 付録I　式 (5.50) の導出

式 (5.48) で与えられる確率密度関数をフーリエ変換した特性関数は，式 (付 G.6) において $N=1$ とした場合であり，SNR $\chi$ を変数とみなし再掲すると式 (付 I.1) となる。

$$C_{z'}(q,\chi|H_1)=\frac{1}{1-jq}\exp\left(\frac{j\chi q}{1-jq}\right) \tag{付 I.1}$$

したがって，$p_{z'}(z'|H_1)$ の特性関数 $C_{z'}(q;\bar{\chi}|H_1)$ は，式 (付 I.1) を $\chi$ に関して周辺化することにより式 (付 I.2) で求められる。

$$\begin{aligned}C_{z'}(q;\bar{\chi}|H_1)&=\int_0^{\infty}C_{z'}(q,\chi|H_1)\,p_\chi(\chi)\,d\chi\\&=\int_0^{\infty}\frac{1}{(1-jq)\bar{\chi}}\exp\left(\frac{j\chi q}{1-jq}-\frac{\chi}{\bar{\chi}}\right)d\chi\\&=\frac{1}{1-j(1+\bar{\chi})q}\end{aligned} \tag{付 I.2}$$

これより，$p_{z'}(z'|H_1)$ は，式 (付 I.2) をフーリエ逆変換することにより求めることができる。

$$\begin{aligned}p_{z'}(z'|H_1)&=\frac{1}{2\pi}\int_{-\infty}^{\infty}\frac{1}{1-j(1+\bar{\chi})q}e^{-jz'q}dq\\&=\frac{j}{2\pi(1+\bar{\chi})}\int_{-\infty}^{\infty}\frac{1}{q+j/(1+\bar{\chi})}e^{-jz'q}dq\\&=\frac{j}{2\pi(1+\bar{\chi})}\int_C\frac{1}{q+j/(1+\bar{\chi})}e^{-jz'q}dq\end{aligned} \tag{付 I.3}$$

ここに，積分経路 $C$ は図付 F.1 と同じ積分経路である。

また，式 (付 I.3) の被積分関数は，閉経路 $C$ 内の $q=-j/(1+\bar{\chi})$ において一位の極を持つ。したがって，この周回積分は留数定理により求めることができ，以下のようになる。

$$
\begin{aligned}
p_{z'}(z'|H_1) &= \frac{j}{2\pi(1+\bar{\chi})}\int_C \frac{1}{q+j/(1+\bar{\chi})} e^{-jz'q} dq \\
&= \frac{j}{2\pi(1+\bar{\chi})}(-2\pi j)\exp\left[-jz'\left(-\frac{j}{1+\bar{\chi}}\right)\right] \\
&= \frac{1}{1+\bar{\chi}}\exp\left(-\frac{z'}{1+\bar{\chi}}\right) \qquad \text{(付 I.4)}
\end{aligned}
$$

## 付録 J　式 (5.65) の導出

まず，式 (5.64) をフーリエ変換した特性関数を求める。

$$
\begin{aligned}
C_{\hat{z}_i}(q) &= \int_0^\infty \frac{N}{\alpha E {\sigma_w}^2}\exp\left(-\frac{N\hat{z}_i}{\alpha E {\sigma_w}^2}\right) e^{jq\hat{z}_i} d\hat{z}_i \\
&= j\frac{N}{\alpha E {\sigma_w}^2}\frac{1}{q+jN/(\alpha E {\sigma_w}^2)} \qquad \text{(付 J.1)}
\end{aligned}
$$

しきい値 $\hat{T}$ は式 (5.62) より式 (付 J.2) で与えられる。

$$
\hat{T} = \sum_{i=1}^{N} \hat{z}_i \qquad \text{(付 J.2)}
$$

よって，$\hat{T}$ の特性関数は式 (付 J.3) となる。

$$
\begin{aligned}
C_{\hat{T}}(q) &= [C_{\hat{z}_i}(q)]^N \\
&= j^N\left(\frac{N}{\alpha E {\sigma_w}^2}\right)^N \left[\frac{1}{q+jN/(\alpha E {\sigma_w}^2)}\right]^N \qquad \text{(付 J.3)}
\end{aligned}
$$

$\hat{T}$ の確率密度関数は，式 (付 J.3) をフーリエ逆変換することにより，以下のように求めることができる。

$$
\begin{aligned}
p_{\hat{T}}(\hat{T}) &= \frac{1}{2\pi}\int_{-\infty}^{\infty} C_{\hat{T}}(q) e^{-jTq} dq \\
&= \frac{j^N}{2\pi}\left(\frac{N}{\alpha E {\sigma_w}^2}\right)^N \int_{-\infty}^{\infty}\left[\frac{1}{q+jN/(\alpha E {\sigma_w}^2)}\right]^N e^{-j\hat{T}q} dq \\
&= \frac{j^N}{2\pi}\left(\frac{N}{\alpha E {\sigma_w}^2}\right)^N \int_C\left[\frac{1}{q+jN/(\alpha E {\sigma_w}^2)}\right]^N e^{-j\hat{T}q} dq \qquad \text{(付 J.4)}
\end{aligned}
$$

ここに，積分経路 $C$ は図付 F.1 と同じ積分経路である。

さらに，式 (付 J.4) の被積分関数は $q=-jN/(\alpha E {\sigma_w}^2)$ において $N$ 位の極を持つため，そこでの留数は以下のように求めることができる。

$$\mathrm{Res} = \frac{1}{(N-1)!}\frac{d^{N-1}}{dq^{N-1}}e^{-j\widehat{T}q}\bigg|_{q=-j\frac{N}{\alpha E\sigma_w{}^2}}$$

$$= \frac{(-j)^N\widehat{T}^{N-1}}{(N-1)!}\exp\left(-\frac{N}{\alpha E\sigma_w{}^2}\widehat{T}\right) \quad (付\,\mathrm{J}.5)$$

よって，式(付 J.4)は留数定理より式(付 J.6)のようになる。

$$p_{\widehat{T}}(\widehat{T}) = \frac{j^N}{2\pi}\left(\frac{N}{\alpha E\sigma_w{}^2}\right)^N(-2\pi j)\mathrm{Res}$$

$$= \left(\frac{N}{\alpha E\sigma_w{}^2}\right)^N\frac{\widehat{T}^{N-1}}{(N-1)!}\exp\left(-\frac{N}{\alpha E\sigma_w{}^2}\widehat{T}\right) \quad (付\,\mathrm{J}.6)$$

# 付録K　式(5.67)の導出

式(5.67)は，式(5.66)の部分積分を繰り返すことで求めることができる。

$$\bar{P}_{FA} = \left(\frac{N}{\alpha E\sigma_w{}^2}\right)^N\frac{1}{(N-1)!}\int_0^\infty \widehat{T}^{N-1}\exp\left[-\frac{(N/\alpha+1)\widehat{T}}{E\sigma_w{}^2}\right]d\widehat{T}$$

$$= \left(\frac{N}{\alpha E\sigma_w{}^2}\right)^N\frac{(N-1)}{(N-1)!}\frac{E\sigma_w{}^2}{N/\alpha+1}\int_0^\infty \widehat{T}^{N-2}\exp\left[-\frac{(N/\alpha+1)\widehat{T}}{E\sigma_w{}^2}\right]d\widehat{T}$$

$$= \left(\frac{N}{\alpha E\sigma_w{}^2}\right)^N\frac{(N-1)(N-2)}{(N-1)!}\left(\frac{E\sigma_w{}^2}{N/\alpha+1}\right)^2\int_0^\infty \widehat{T}^{N-3}\exp\left[-\frac{(N/\alpha+1)\widehat{T}}{E\sigma_w{}^2}\right]d\widehat{T}$$

$$\vdots$$

$$= \left(\frac{N}{\alpha E\sigma_w{}^2}\right)^N\frac{(N-1)!}{(N-1)!}\left(\frac{E\sigma_w{}^2}{N/\alpha+1}\right)^{N-1}\int_0^\infty \exp\left[-\frac{(N/\alpha+1)\widehat{T}}{E\sigma_w{}^2}\right]d\widehat{T}$$

$$= \left(\frac{N}{\alpha E\sigma_w{}^2}\right)^N\left(\frac{E\sigma_w{}^2}{N/\alpha+1}\right)^N$$

$$= \left(1+\frac{\alpha}{N}\right)^{-N} \quad (付\,\mathrm{K}.1)$$

# 引用・参考文献


1) Skolnik, M. I.：Introduction to Radar Systems, Third Edition, McGraw-Hill, New York (2001)
2) Skolnik, M. I.：Radar Handbook, Third Edition, McGraw-Hill, New York (2008)
3) Stimson, G. W., Griffiths, H. D., Baker, C. J., and Adamy, D.：Stimson's Introduction to Airborne Radar, Third Edition, SciTech Publishing, Edison, New Jersey (2014)
4) Richards, M. A., Scheer, J. A., and Holm, W. A.：Principle of Modern Radar, Vol. I: Basic Principles, SciTech Publishing, Raleigh, NC (2010)
5) Skolnik, M. I.：Fifty years of radar, Proc. IEEE, **73**, 2, pp.182-197 (Feb. 1985)
6) 伊藤信一：レーダシステムの基礎理論, コロナ社 (2015)
7) 大内和夫編著：レーダの基礎 ―探査レーダから合成開口レーダまで―, コロナ社 (2017)
8) Fourikis, N.：Phased Array-Based Systems and Applications, John Wiley & Sons, New York (1997)
9) Tavik, G. C., Hilterbrick, C. L., Evins, J. B., Alter, J. J., Crnkovich, Jr., J. G., de Graaf, Je. W., Habicht II, W., Hrin, G. P., Lessin, S. A., Wu, D. C., and Hagewood, S. M.：The advanced multifunction RF concept, IEEE Trans. Microwave Theory & Tech., **53**, 3, pp.1009-1020 (March 2005)
10) Sherman, S. M. and Barton, D. K.：Monopulse Principles and Techniques, Second Edition, Artech House, Norwood, MA (2011)
11) 菊間信良：アダプティブアンテナ技術, オーム社 (2003)
12) Cooper, J.：Scattering of electromagnetic fields by a moving boundary: The one-dimensional case, IEEE Trans. Antennas & Propag., **AP-28**, 6, pp.791-796 (Nov. 1980)
13) 飯田尚志：衛星通信, オーム社 (1997)
14) 岩井誠人：移動通信における電波伝搬―無線通信シミュレーションのための基礎知識―, コロナ社 (2012)
15) 深尾昌一郎, 浜津享助：気象と大気のレーダリモートセンシング, 改訂第2版, 京都大学学術出版会 (2009)
16) Richards, M. A.：Fundamentals of Radar Signal Processing, Second Edition, McGraw-Hill Education (2014)
17) Harrington, R. F.：Time-harmonic Electromagnetic Fields, McGraw-Hill (1961)
18) Silver, S.：Microwave Antenna Theory and Design, Peter Peregrinus, London,

UK (1984)

19) 電子情報通信学会編：アンテナ工学ハンドブック (第2版), オーム社 (2008)

20) Elliott, R. S.：Antenna Theory and Design (Revised Edition), John Wiley & Sons, Hoboken, New Jersey (2003)

21) Stark, L.：Radiation impedance of a dipole in an infinite planar phased array, Radio Sci., **1**, 3, pp.361-377 (March 1966)

22) Amitay, N., Galindo, V., and Wu, C. P.：Theory and Analysis of Phased Array Antennas, John Wiley & Sons, New York (1972)

23) 上羽　弘：工学系のための量子力学 (第2版), 森北出版 (2005)

24) Rees, W. G.原著, 久世宏明, 飯倉善和, 竹内章司, 吉森　久共訳：リモートセンシングの基礎 (第2版), 森北出版 (2005)

25) Collin, R. E.：Foundations for Microwave Engineering, Second Edition, McGraw-Hill (1992)

26) Johnson, J. B.：Thermal agitation of electricity in conductors, Phys. Rev., **32**, pp. 97-109 (July 1928)

27) Nyquist, H.：Thermal agitation of electric charge in conductors, Phys. Rev., **32**, pp.110-113 (July 1928)

28) ITU-R：Recommendation ITU-R, p.372-10, Radio Noise (2009)

29) CODAR Ocean Sensors：External noise, antenna efficiency, cable loss and receiver sensitivity, Technicians Information Pages for Seasondes (2009)

30) 紀平一成, 谷口将一, 高橋　徹, 宮下裕章：HF帯受信アンテナへのスーパーディレクティブアレーの適用, 信学会論文誌B, **J98-B**, 11, pp.1230-1232 (Nov. 2015)

31) Nishioka, Y., Inasawa, Y., Tanaka, T., and Miyashita, H.：Performance evaluation of RCS near-field-to-far-field transformation technique for aircrafts, Proc. ISAP2016, 2B3-3, pp.166-167 (2016)

32) 笹岡秀一編著：移動通信, オーム社 (1998)

33) 池上文夫：通信工学 (訂正版), 理工学社 (1995)

34) Proakis, J. G. and Salehi, M.：Digital Communications, Fifth Edition, McGraw-Hill, New York (2008)

35) Uchiyama, K. and Kohno, R.：Inter-vehicle spread spectrum communication and ranging system with interference canceller, 1999 IEEE/IEEJ/JSAI Int. Conf. Intelligent Transportation Systems, pp.778-782 (1999)

36) Lindenmeier, S., Boehm, K., and Luy, J. F.：A wireless data link for mobile applications, IEEE Microwave & Wireless Compo. Lett., **13**, 8, pp.326-328 (Aug. 2003)

37) Xu, S. J., Chen, Y., and Zhang, P.：Integrated radar and communication based on DS-UWB, Proc. 2006 Ultrawideband and Ultrashort Impulse Signals, pp.142-144 (2006)

38) Levanon, N.：Multifrequency complementary phase-coded radar signal, IEE Proc. Radar, Sonar Navig., **147**, 6, pp.276-284 (Dec. 2000)
39) Donnet, B. J. and Longstaff, I. D.：Combining MIMO radar with OFDM communications, Proc. 3rd European Radar Conference, pp.37-40 (2006)
40) Garmatyuk, D., Schuerger, J., and Kauffman, K.：Multifunctional software-defined radar sensor and data communication system, IEEE Sensors J., **11**, 1, pp. 99-106 (Jan. 2011)
41) Sturm, C. and Wiesbeck, W.：Waveform design and signal processing aspects for fusion of wireless communications and radar sensing, Proc. IEEE, **99**, 7, pp. 1236-1259 (July 2011)
42) Levanon, N. and Mozeson, E.：Radar Signals, John Wiley & Sons, Hoboken, New Jersey (2004)
43) 関根松夫：レーダ信号処理技術, 電子情報通信学会 (1991)
44) Kay, S. M.：Fundamentals of Statistical Signal Processing: Detection Theory, Prentice-Hall, New Jersey (1998)

# 索　　引

## ——著者略歴——

1992年　早稲田大学理工学部電気工学科卒業
1994年　早稲田大学大学院修士課程修了（電気工学専攻）
1994年　三菱電機株式会社入社
　　　　現在に至る
2010年　博士（工学）（早稲田大学）


**通信技術者のためのレーダの基礎**
Principles of Radar for Communication Engineers



2019年7月5日　初版第1刷発行　★

検印省略

著　者　髙橋（たかはし）　徹（とおる）
発行者　株式会社　コロナ社
　　　　代表者　牛来真也
印刷所　新日本印刷株式会社
製本所　有限会社　愛千製本所

112-0011　東京都文京区千石4-46-10
**発行所**　株式会社　**コロナ社**
CORONA PUBLISHING CO., LTD.
Tokyo Japan
振替00140-8-14844・電話(03)3941-3131(代)
ホームページ　http://www.coronasha.co.jp

ISBN 978-4-339-00923-1　C3055　Printed in Japan　（大井）